丸太価値最大化を考える「もったいない」のビジネス化戦略

遠藤日雄・吉田美佳・全林協 著

まえがき

本書誕生は、「もったいない」という現場からの声がきっかけです。「A材がB材と一緒にされている」「せっかく手入れをしてきたのに燃料材になってしまった」。山を育ててきた思いがあるだけに、その落胆が伝わってきます。

「もったいない」の背景には、作業効率やロットを出すためなど、さまざまな理由があるでしょうが、全体収益最大化に結びつくと実証されたわけではありません。逆に材の価値を目利きし、手間をかけて造材・採材、集材して、施業の効率化、材の売り方を工夫することで、売上増を達成でき、経営にとって有利なのではないか、という見方があるはずです。すなわち「もったいない」のビジネス化です。本書は、ビジネス化実証例をさまざまな現場での取り組みに求め、技術、効率化、売り方の手法など、「もったいない」をビジネスに変えていく条件を探ります。

第1章は、「もったいない」のビジネス化戦略の基本、そして価値最大化のビジネス展望を遠藤日雄先生に描いていただいています。ABCD材を総合的に捉えて国産材産業ビジネス力を高める「複合林産型」を遠藤日雄先生は提唱されており、価値最大化はそれと表裏一体の関係にあります。個々の事業者の手法からサプライチェーン全体の価値（売上げ）を高めていく手法までを執筆いただきました。

第2章は、川上・川中の事例です。丁寧な造材・採材で多仕様の材を生産し、その材を求めている多数の需要者へ販売することで全体価値を高める素材生産事業者の手法。そしてB1規格を創出し、A材、B材をつなぐ付加価値を流通販売で高めている県森連の実績を紹介しています。

第3章は、価値最大化に向け、サプライチェーンで捉える林業ビジネスモデル、そこで必要となる情報共有等の技術モデルを吉田美佳氏に描いていただいています。木材の本来価値の商品化、需給マッチング、サプライチェーン・マネジメントによるコスト削減の手法までを海外事例等で具体的に解説いただきました。

森林の生み出す価値を最大限に引き出し、豊かさ、雇用を創出し、魅力ある林業・木材産業の将来のため、本書を役立てていただけたら幸いです。

２０１９年２月　全国林業改良普及協会

目次

第2章

価値最大化2事例

B1規格創出で丸太価値を増大
―売上増と需給調整バッファー機能
青森県森林組合連合会の取り組み 76

第3章

価値最大化の技術とサプライチェーンモデル　91

筑波大学　生命環境系　日本学術振興会特別研究員（PD）／吉田美佳

第１章

「複合林産型」ですすめる価値最大化
―「もったいない」のビジネス化戦略

NPO法人 活木活木森《いきいき》ネットワーク理事長
遠藤 日雄

本章著者・遠藤日雄先生が提唱される「複合林産型」とは、ＡＢＣＤ材を個別に捉えるのではなく、総合利用して林業・木材産業のビジネス力を高める手法を指します。川上から加工・流通、住宅までをつなぎ目のない（シームレスな）国産材産業として捉え、そのサプライチェーンを構築する大きな方向性が示されています。

この「複合林産型」と丸太価値最大化は、表裏一体の関係と言えます。川上・川下各事業者でＡＢＣＤを総合利用、かつ価値最大化を図っていくビジネス展望を、遠藤先生に描いていただきます。（編集部）

「もったいない」現象が意味するもの

はじめに

「月刊 現代林業」2018年11月号（全林協）の特集は「丸太価値最大化のあり方を考える『もったいない』のビジネス化戦略」でした。巻頭の扉には「材の価値を目利きし、価値を高めるために手間をかけて造材・採材、集材して、材の売り方を工夫することで、売上増を達成でき、それが経営にとって有利になるのではないか」という問題提起が込められています。

そしてその事例として、本書の「第2章　価値最大化2事例」で千歳林業株式会社と青森県森林組合連合会の丸太販売の取り組みを紹介しています。前者は多規格造材・納品を実現することによって、後者は「B1」（B材でありながらもA材に近い製材可能な丸太）という同会独自の規格を創出し、その販路を拡大することによって、それぞれ丸太価値を増大しています。

2つの事例に共通するのは「『もったいない』のビジネス化戦略」の実践です。

今なぜ、「『もったいない』のビジネス化戦略」なのか？

ではなぜ今、「現代林業」から「『もったいない』のビジネス化戦略」が提起されたのでしょうか。あるいは同誌編集部の意図と外れるかもしれませんが、筆者なりに次のように整理してみました。

(1)１９９０年代以降、国産材業界は「スギ並材」時代に入りました。「スギ並材」とは、「戦後の植栽木は３０００本植栽で自然落枝で無節材となるにはやや疎植に過ぎ、また枝打ちが必ずしも十分に行われていないものが多く、無節材は少ない（中略）（さらに）年輪幅は全くといってよいほど不揃い」（『ＳＵＧＩ・情報ネットワーク―並材のフロンティアを求めて』、スギ並材研究会、１９９０年、98頁）なスギ材のことを指します。したがって役物製材が可能なスギ良質材とは根本的に違います。

(2)２０００年代に入ると、「スギ並材」はＡ材Ｂ材Ｃ材Ｄ材という区分で括られるようになりました。それまでの製材用、製紙チップ用に加え、新たに集成材・合板・ＬＶＬ用、木質バイオマス発電の木材チップ用などの需要が登場し、それに対応した用途区分が必要になったからです。すなわち、Ａ材（直材）→製材用、Ｂ材（小曲がり材）→集成材、合板（ＬＶＬ）用、Ｃ材（大曲がり材）→製紙チップ用、Ｄ材（林地残材）→木質バイオマス発電燃料用です。

(3)しかし(1)(2)ともに大ざっぱな区分です。例えば(1)の場合、「スギ並材」といっても、なかには枝打ちして節が少ない材、あるいは年輪幅が細かい材なども、量的には少ないものの、含まれているケースがあります。

(2)の場合も、すべての「スギ並材」がABCDで括られるわけではありません。青森県森連が独自に規格化した「B1」などはその典型でしょう。B材（集成材・合板・LVL用）で売るよりも、製材用で売ったほうが単価が高くなる。その分「山元還元」が可能になるからです。

このように整理すると、読者のなかから「そんなことわかりきったことじゃないか、なにを今さら」という反論が聞こえてきそうです。しかし現実はどうもそのようには動いていないようです。筆者の苦い経験談2つを紹介してみましょう。

国産材の燃やし方

FIT（再生可能エネルギーの固定価格買取制度）導入後、全国各地に木質バイオマス発電所が開設され、商業運転が始まりました。数年前、ある木質バイオマス発電所を視察したときのことです。近くにある燃料用チップ丸太置場を見て驚きました。A材（あるいはA材に近いB材）が3～4割混入しているのです。「もったいない」、その思いを発電所の社長にぶつけたところ、次のような答えが返ってきました。

「お前にそのようなことを言われる筋合いはない。ここの丸太は弊社が素材生産業者から燃料用として買ったものだ。それをお前にAがどうとかBがどうとか仕分けしてもらう筋合いはない」。帰れっ！といわんばかりの剣幕でした。なるほどお金を出して買ったものだから、何に使おうとその人の勝手だという言い分には一理あるかもしれません。しかし「もったいない」という思いを払拭できないままその発電所を後にしました。

すべて4mに採材

同じような経験談です。北東北のある伐採・搬出現場を視察したときのことでした。プロセッサーが伐倒されたスギを玉切りしていたのですが、どれもこれも一律4mに玉切りしているのです。小休止のため降りてきた若いオペレータに尋ねてみました。「製材用の12尺（東北の製材用丸太は12尺＝3・65mが主流です）は採らないのか」と。オペレータは苦笑いしながらこう答えました。「12尺に玉切って製材工場へ運んでもA材とB材の価格差が小さい。それを考えると一括4mに採材して近くの合板工場へ運んだほうが効率がいいんです。社長からもそのように指示されています」。内心「もったいない」と思いつつも、若いオペレータを責めるわけにはいきませんでした。

鹿児島県森連傘下のある共販所のスギ丸太相場（2018年9月5日）を見ると次のようにな

ります。4m材（径級18～22cm）A材1万3900円/m³であるのに対して、B材は1万3600円/m³、その価格差300円/m³です。スギ4m（径級24～28cm）A材は1万3900円に対して、B材は1万3400円/m³、価格差500円です。

「北東北のことをいっているのに鹿児島の丸太相場を持ち出すのはいかがなものか」と突っ込まれそうですが、違うのです。九州でもB材の需要が増加の一途をたどり需給が逼迫しています（現在、合板メーカーは1社ですが、スギ集成材工場やツーバイフォー住宅部材メーカーが規模を拡大しているのです）。この価格差は北東北とそう大きな違いはないと思います。むしろ北東北のほうがもっと価格差が小さいと思います。それだけに若いオペレータの言い分に、真っ向から反論できませんでした。

いずれにしても、2つの事例に共通する思いは、「もったいない、なんとかならないのか」でした。「現代林業」が「『もったいない』のビジネス化戦略」を提唱した背景にはこうした現実を憂慮し、打開策はないものかといった問題意識があったのではないか、当たらずといえども遠からず、筆者はそう考えています。

発想の逆転　量優先から価値（売上げ）優先へ

「もったいない」の意味とは？

ところで「もったい（勿体）ない）」の「勿体」とは、中国で物の本質や本来あるべき姿を意味する「物体」に由来しています。それがわが国で「物の本来あるべき姿が無くなるのを惜しみ、嘆く気持ちを表」（ウィキペディア）す意味で使われるようになりました。

「もったいない」という日本語が一躍世界に知られるきっかけになったのは、環境分野で初のノーベル平和賞を受賞したケニアのワンガリー・マータイ女史の来日（２００５年）でした。

女史は日本語の「もったいない」に感銘を受け、環境３Ｒ（Reduce〈ゴミ削減〉・Reuse〈再利用〉・Recycle〈再資源化〉）にRespect（自然に対する尊敬の念）を加えたものが「もったいない」の概念だと世界へ発信しました。いまでは「もったいない」は世界の合言葉「ＭＯＴＴＡＩＮＡＩ」へと昇華した観があります。

以上をもとに、本稿のキーワードになる「もったいない」の基本的な考え方を示しておきます。

⑴「もったいない」とは、「本来あるべき姿が無くなるのを惜しむ」ということですが、悔や

んでいるだけでは埒が明きません。そこで「『もったいない』のビジネス化戦略」の構築が必要になってきます。

(2)マータイ女史のいうRespect（「自然に対する尊敬の念」）をここでは「森林経営の持続性追求」と読み替えてみたいと思います。

いうまでもなく、(1)と(2)は表裏一体をなしていますが、重要なことなので、もう少し詳しく検討してみましょう。

BはAになれない、しかしAはBになれる

まず(1)についてです。ここではABCDという「記号」について説明が必要でしょう。周知のように、A材とは国産材丸太の用途区分の1つで、製材用の直材のことです。B材は小曲がり材で集成材、合板用、LVL用に、C材は大曲がり材でチッピングして製紙用の原料に供されます。そしてFIT導入以後、新たな用途区分として登場したのがD材、すなわち林地残材のことです。

ここで重要なことはABCDの相互関係です。BはAになれない、しかしAはBになれるのです。同様にCはBになれませんが、BはCになれます（永平寺で禅問答をしているのではありませ

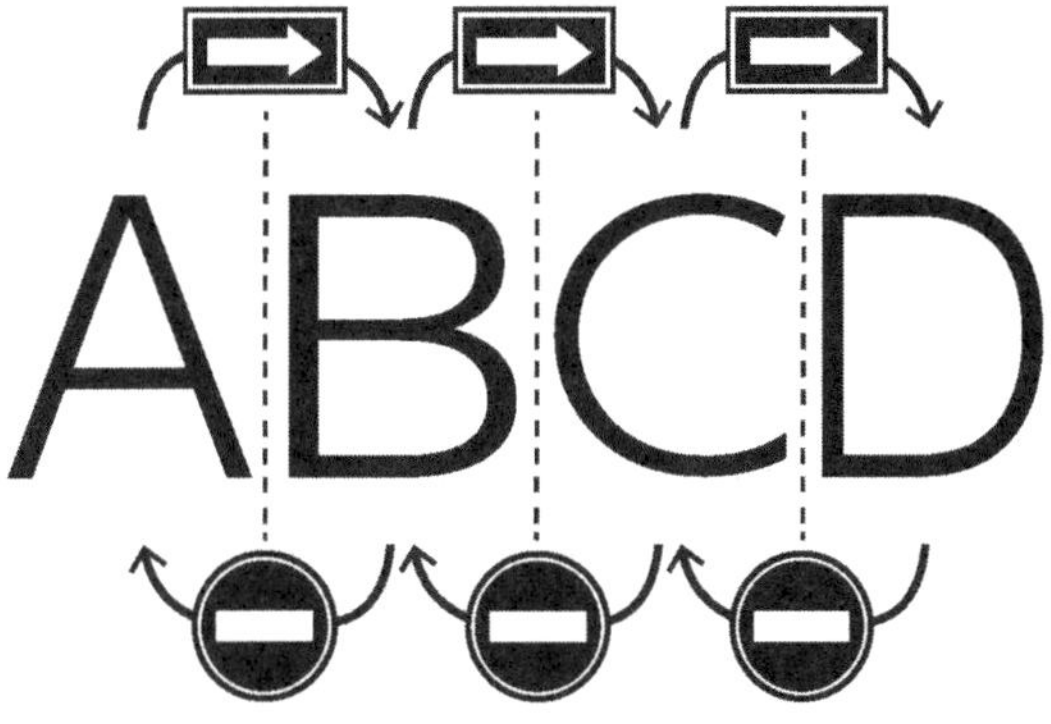

図１　ＡＢＣＤの相互関係

ん）。Ｂは曲っているが故に、ムクのままではどんなに背伸びしてもＡにはなれません。しかしＡはいともたやすくＢになれます。集成材、合板、ＬＶＬ製造にとっては、曲がった丸太よりも直材のほうが効率的（歩留まりが向上する）だからです。

　このように考えると、ＡＢＣＤ間には図１のような関係が成り立つのではないでしょうか。つまりＡはＢにもＣにもＤにもなれます。同様にＢはＣにもＤにもなれます。そしてＣはＤになれる。しかしその逆は成立しないという関係です。

　またＡＢＣＤ間の用途区分線も、朝鮮半島の38度線のように実効支配領域を示す境界線ではなく、ＡとＢ、ＢとＣ、ＣとＤ相互の価格動向、需給動向、為替相場などによって右にずれたり左に逸脱するきわめてファジーなものであることがわかります。

ここにこそA材が本来の価値を発揮できず、B材やC材と同列におかれ、あるいはB材やC材に埋没されてしまう理由があるのではないでしょうか。

「『もったいない』のビジネス化戦略」は森林の持続性と森林所有者の地位向上を目指したもの

次に(2)です。マータイ女史は、ケニアの森林が破壊された地域で、貧しい女性たちと手を取り合いながら植林活動（グリーン・ベルト・ムーブメント）を進めました。その目的は単なる砂漠化防止だけでなく、植林活動を通じて女性の地位を向上させることでした。同じように「『もったいない』のビジネス化戦略」も、丸太の価値最大化を目指すことによって、森林所有者の伐採収入（立木代）を増大させ、もって森林所有者の社会的地位の向上を実現することにほかなりません。

現在の森林所有者の多くは、自分たち（あるいは父や祖父）が精魂込めて育ててきた林木を、それなりに市場で評価して欲しいという気持ちが強いのです。たしかに現在の「市場の声」は、集成材・合板・LVLなど、いわゆるエンジニアードウッドを求めています。しかし、こうした「市場の声」に翻弄されることなく、本来の丸太の価値を最大限に活かす製材・加工・販売

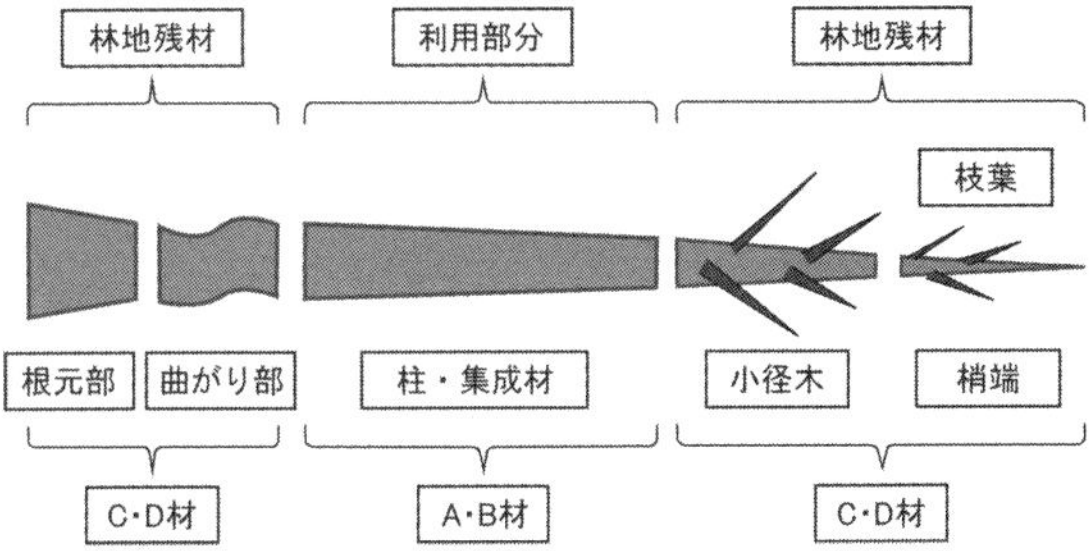

図２　伐採された林木の利用例

出所：群馬県『群馬県バイオマス活用推進計画・平成 24 年度～平成 33 年度』、2012 年３月

システムがあってもいいのではないか。こうした需要と結びついてこそ森林所有者は自分の森林経営に意欲を燃やすことになり、ひいては皆伐跡地の再造林にもつながっていきます。森林の持続可能性とは、こうしたことから始まるのであって、「かけ声」だけではいつまでたっても先が見えてきません。

　そのためには単に川上が現下の川下の状況（量産、量産を追求する木材産業）を睥睨《へいげん》（横目で見る）するだけでなく、みずから「『もったいない』のビジネス化戦略」を実践する木材産業と連携しながら、丸太価値の最大化を追求していく姿勢が求められます。そのことが、川上・川下総体としての利益につながっていくことではないでしょうか。

丸太のカスケード利用

もうご存知のこととは思いますが、念のために丸太のカスケード利用についてお復習《さらい》しておきましょう。前述のようにＡＢＣＤは丸太の用途区分ですが、同時に丸太のカスケード利用の謂《い》いでもあります。カスケード（cascade）とは、「a small WATERFALL, especially, one of several falling down a steep slope with rocks」（『OXFORD現代英英辞典』）とあるように、階段状に連続する滝のことを意味します。

資源やエネルギーは使用するごとに、その形状や性質のレベルが下がっていきます。しかし下がったからといって捨ててしまったのではもったいない。各レベルに応じた効率的な利用が求められます。

熱を例にとってみましょう。工業で扱う熱は約１５００℃ですから、まずエンジンを回して照明や電力に使います。その後出てきた熱は１１００℃前後に下がるので、ガスタービンを回してやはり電気として使います。そして最終的には家庭用の給湯として使ってしまう。このように資源やエネルギーを形状や性質に応じて利用する方法を、階段状に連続する滝になぞらえてカスケード利用といいます。

この考え方は丸太利用にも当てはまります。スギやヒノキの立木を伐倒・枝払いして造材していくと、元（1番）玉や2番玉は直材になりますが、３番玉、４番玉になるにつれて形状が曲がったり節やアテが多くなる場合が多くなってきます。さらに副産物としてタンコロ（根元部）や小径木、枝条が出てきます。これらを伐採跡地に捨てるのはもったいない、その形状や性質に応じて活用しようというのが森林資源のカスケード利用の考え方です。この場合、A材がカスケード利用の頂点に立つ根拠は、日本の戦後の林業が「柱取り林業」だったからです（注）。

注…戦後わが国の林業の基調が「柱取り林業」であったことについては、遠藤日雄『「複合林産型」で創る国産材ビジネスの新潮流―川上・川下の新たな連携システムとは―』（全林協、２０１８年9月）で詳述していますので、そちらを参照してください。

事例に見る価値（売上げ）を伸ばす林業・木材産業の手法

単なる量産とは一線を画して丸太価値の最大化を目指す高嶺木材（宮崎県）

さて以下では、以上述べた「『もったいない』のビジネス化戦略」を実践している企業・事業体をいくつか紹介してみましょう。そして、そのマネジメント手法についてさらに考察を深めてみたいと思います。

高嶺木材（株）（宮崎県日南市）は、スギの「『もったいない』ビジネス化戦略」を実践している絵に描いたような製材工場です。年間5万5000㎥のスギ丸太を消費していますので、全国的にみても大規模製材工場に属します。しかし単なる量産追求の製材工場ではありません。もちろん生産性は追求しますが、その追求の仕方に他社とは一味も二味も違った、いわば製材の「妙」を遺憾なく発揮する姿勢が窺われます。同社の主力製品は、一般建築用材、足場板、羽目板、フローリングです。どの製材品も市場での評価は高いのですが、ここでは板の製材過程で採るカマボコ板について紹介してみましょう。

まずノーマンのツイン台車で末口24㎝以上のスギ丸太を製材するのですが、例えば、集成材工場のラミナ製材の場合は、最初に太鼓挽きをして、もどってきた太鼓材を反転させ、もういちど鋸を入れて四角形の原板にします。その後、その原板をツインバンドソーやギャングリッパーで割っていくのですが、高嶺木材の場合は違うのです。太鼓挽きまでは同じなのですが、反転させた太鼓材を四角に製材するのではなく、片方を丸味をつけたままに製材するのです。つまり背板にしてチッピングするのではなく、とことん製材品（板）を採っていくのです。ここに「もったいないのビジネス化」が見られます。

写真１ カマボコ板用のスギ製材品（高嶺木材）

同じように、最初に太鼓挽きしたときにでた背板（「側」）は４ｍを２ｍに切って、カマボコ板の原料にするのです（写真１）。現在、わが国のカマボコ板の大部分は、米国から輸入されるホワイトファー（クリスマスツリーにするモミの木）でつくられています。したがって国産スギのカマボコ板は少数派です。しかし高嶺木材のカマボコ板は（「側」背板）採りですから白くきれいです。評価は高いはずです。

「スギ並材」よりややランクが上の丸太の売り方

さて、高嶺木材では、製材用丸太として末口24cm以上の丸太（中心は28〜30cm）を近隣の原木市場から購入していますが、丸太を仕入れる場合は、「スギ並材」よりややランクの高いものを選んで購入しています。ここが「スギ並材」量産工場と一線を画す

写真2　手前スギ並材、後方1ランク上のスギ並材丸太

る当社の特長です。では高嶺木材が購入している「スギ並材」よりややランクの高いスギ丸太とはどのようなものなのでしょうか。

それを宮崎県森連日南林産物流通センター（共販所）の例で見てみましょう。同センターの2017年度の丸太取扱い量は約7万4500㎥、この95％がスギ丸太（85％が4m材）です。スギ丸太のABCの比率は、A材が25％、B材が50～55％、残りがC材となっています。もちろん「スギ並材」が大部分です。

写真2をご覧ください。手前が「スギ並材」（末口18～22㎝）、後方がそれよりややランクの高い丸太（同）です。ランクが高いというのは、色、艶、目合などが並材に比べるとやや優れているという意味です。価格でいうと、並材より200～300円／㎥

高い丸太になります（市売によるセリの結果です）。したがって割角や役物を採るためのスギ良質材とは意味合いが違いますし、買方（製材業者）もそれを承知のうえで札を入れます。

日南共販所では、「スギ並材」よりややランクの高い丸太は選別機のオペレータの目視によって仕分け・選別されますが、それを有利に販売するコツは一定のロットをつくることだといいます。ここに注目してください。いい丸太だからといって１本売りにしてしまうと、むしろ買い叩かれてしまい、元も子もなくなるケースが多々あるのです。

そういえば７、８年前、日南共販所を訪れた際、末口24～28㎝のスギ中目丸太の椪に明らかに「並材」と違った目の込んだ色合いのいい丸太が２本ほど混入していました。当時の所長に、「なぜ別の椪をつくらないのか」と尋ねたところ、「たまたま素材生産業者が伐採箇所近くに立っていた80年生のスギが２本あったので買って、玉切りしてここへ持ち込んだものだ。かりに２本で１つの椪をつくってみたところで、不落物件になるのがオチだ。買方だってこんな中途半端な椪に札を入れるはずがない」というのです。

いかがでしょう？　丸太を仕分け・選別、供給する原木市場でも、あるまとまった量を椪としてつくらなければ、いくら「スギ並材」よりランクの上の丸太でも売るのが難しいのです。これは「『もったいない』のビジネス化戦略」を実践していくうえで重要なことだと思います。

いずれにしても、日南共販所の並材よりややランクの高いスギ丸太の販売と高嶺木材の「木のよさ」を活かすという思いが見事にマッチングしているのです。

売れないスギ大径材赤身でフェンス材、デッキ材を製材

同社の「丸太価値の最大化」の追求例として、オビスギ（大径材）の赤身の部分を活かしたフェンス材、デッキ材の生産があります。宮崎県日南地域は、かつての弁甲材（木造船用材）産地で、現在、深刻化しているスギ大径材問題の中心地です。

しかし、オビスギの赤身は軽量で加工しやすく、耐久性、防虫性に優れています。また死節が少ないため、フェンス材やデッキ材には最良の樹種なのです。法隆寺の昭和大修理に携わった西岡常一棟梁も「スギの赤身は100年以上もつ」と太鼓判を押しているほどです。高嶺木材ではこの「木のよさ」を活かしてフェンス材、デッキ材を製材・加工しているのです。売れない材をうまく利用してその丸太価値の最大化を図る高嶺木材の真骨頂を余すことなく発揮しています。

重要なことは、この赤身のフェンス材やデッキ材は、横浜に本社のある（株）ナイスと連携して開発したことです。同社は住宅建築用資材の国内流通の最大手です。ナイスではオビスギ

赤身のカスタムカットを推進し、製材メーカーと連携しながら製材歩留まりや価値歩留まりが向上するような製品開発に積極的に取り組んでいます。このように「丸太価値の最大化」を実現するためには、しっかりとした販売組織と連携する必要があります。

カマボコ板にしろ、オビスギ赤身製品にしろ、高嶺木材の製品は、他社の追随を許さない一定の市場シェアを確保していると思います。その証拠に、同社は宮崎県高原町に同規模の第２工場を開設する計画を練っています。製材加工の生産性を大幅にアップし、「丸太価値の最大化」をより効率的に追求するためです。

良質な板加工と平角で丸太価値最大化

同様のことは同じ日南市にある南那珂森林組合日南製材工場についてもいえます。南那珂森林組合は年間８万５０００㎥の林産事業を実施していますが、このうち２割を末口36㎝以上のスギ大径材が占めています。

先述の宮崎県森連日南共販所の最新の共販速報（２０１８年10月12日、第９１３回）を見ますと、スギ丸太４ｍの場合、末口径級18～22㎝、24～28㎝、30～36㎝いずれも１万４０００円／㎥ですが、38㎝上になると１万１７００円／㎥と価格がダウンしてしまいます。つまり38㎝上丸太

写真３　スギ板の天然乾燥

の需要が少ないのです。市売に付しても買い手がいないのです。

こうした窮状を打開して、スギ大径材の需要を拡大しようとその用途開発にチャレンジしているのが南那珂森林組合日南製材工場です。人工乾燥機も持たず、年間の丸太消費量も３５００㎥という小さな製材工場ですが、「『もったいない』のビジネス化戦略」では負けていません。

日南工場のスギ丸太買いの特長は、「並材」よりややランクの上のスギです。南那珂森林組合の林産事業から出材された「スギ並材」からややランクの上の丸太を選別して工場へ搬入します。これとは別に素材生産業者からもややランクの高い丸太を購入しますし、近隣の原木市場の市売にも参加して同様の丸太を買います。

写真4 オビスギ大径材の赤身と白身を活かした太鼓梁

日南工場には長さ12m、太さ1・1mの丸太を製材できるツインバンドソー（ワンマン）があります。これを使って長尺材の製材加工を得意としています。特に長さ6mのムクスギ平角やフローリングなどの加工板の製材加工を得意としています。人工乾燥機がないため、製材品はすべて天然乾燥です（写真3）。

写真4は、産直住宅の部材として福岡県のある家で使われたムクの太鼓梁です。また、写真5は宮崎銀行本部棟1階ロビー改修工事で使われた日南製材工場の壁板です。このほかJR宮崎駅や日南市子育て支援センターなどでも加工板が使われています。

産直住宅では福岡の工務店と、公共施設への板の納入はセンスのいい設計士と連携していることです。

写真5　宮崎銀行本部棟1階ロビーのスギフローリングと壁板

「一目《ひとめ》選木」による価値創出で顧客を獲得

丸太の価値最大化に取り組む事例はまだあります。長野県小諸市にある東信木材センター協同組合連合会（以下、東信木材センター）の「一目選木」がそれです（写真6）。同センターの2017年度の丸太取扱い量は16万1849㎥で単一の原木市場（センター）としてはわが国最大級の規模を誇ります。丸太の8割をカラマツが占めており、このカラマツ丸太の独自の仕分け・選別が「一目選木」です。この「一目選木」が一躍全国に知られるようになったのが、東日本大震災（2011年3月11日）でした。震災復興需要として土木用のカラマツ小径木の需要が急増したのですが、ここで「一目選木」が注目されたのです。

一般の丸太流通では、小径木とは末口13㎝以下

写真６　「一目選木」されたカラマツの椪

（「13下」）のことを指します。しかし被災地の土木用製材工場にとっては、例えば８cmの杭を製材する場合、「13下」を購入すると、そのなかから８cmの丸太をピックアップしなければなりません。そのぶんコストが嵩みます。被災地から「なんとかならないのか」という声があがりました。そこで遠藤林業（本社・福島県古殿町。土木用丸太を中心に年間30万㎥の丸太を扱う最大手）の社員から「長野にある東信木材センターでは1cm刻みの椪を積んで販売しているという。ぜひそこから購入して欲しい」という要望が出され、さっそく「一目選木」のカラマツ小径木を使うことになりました。

　遠藤林業の遠藤秀策社長は語ります。「土木用材はさまざまな現場の条件に合わせなければならない。単品量産型のラインを組んでも意味がない。これに対応するためには、東信木材センターの『一目選木』はおおいに役に立つ。しかも、必要な材を、必要なだけ、ジャストインタイムで納入してくれます」。

ニュージーランドで「『もったいない』のビジネス化戦略」

以上、国産材丸太の「『もったいない』のビジネス化」の事例を紹介しましたが、外材にも「『もったいない』のビジネス化」はあります。年商6000億円超え、わが国の木質建材のトップメーカー・ウッドワン（株）のニュージーランド産ラジアータパイン（以下、NZマツ）の利用です。同社は、1990年代初頭にニュージーランド（以下、NZ）の国有林（北島の5万3000ha）を購入し、経営権（長期伐採権）を取得しました。その後、現地の建材メーカー・トライボード工場を買収し、同社が保有していた森林を加えて経営対象面積は6万haに拡大しました。

ご存知のように、NZマツといえば、梱包用材の原料です（広島県福山市のオービスがその代表的な製材工場）。その伐期は通常25年といわれていますが、ウッドワンは伐期を5年延長して30年の輪伐期で経営しています。しかも最大8mの高さまで枝打ちをしているのです（伐採までに2回の間伐も実施しています）。NZの国有林を購入しただけで、当時、日本の木材産業界から

〝正気の沙汰ではない〞と騒がれたものでしたが、今度はNZマツの枝打ちです（マツの枝打ちなど常識外れといった見方が強いのです）。いったい何を考えているのだろうと皆不思議に思ったものでした。

同社のNZの国有林は購入以後、整理・統合を進め、現在約4万haになっています。これを区分けして1年生から30年生までの法正林施業を行っています。NZでは30年伐期を維持している森林は珍しいといわれています。にもかかわらず、ウッドワンはどうして25年伐期よりわずか5年長い30年伐期にこだわるのでしょうか。NZマツの商品価値を高めるため、すなわち『もったいない』のビジネス化」を実現するためにほかなりません。国際的な木質建材メーカーウッドワンの面目躍如たるものがあります。

ではNZマツの「『もったいない』のビジネス化」とはどのようなものでしょうか。同社がNZに進出して〝発見〞したのは、NZマツの枝下の部分はムク材としての利用価値が高いということでした。例えば、ドアの框材（ドアの周囲の枠）として最適です（写真7）。

ただそのためには芯を外して採材する必要があり、胸高直径60cmぐらいが要求されますが、30年生だとちょうどその太さに成長するのです。日本では〝枝打ち不要論〞まで耳にするような昨今、あえて8mまで枝打ちすることによって無節のムク材が採れ、消費者に品質のいい商

写真７　ＮＺマツを框材として使ったセンスのいいドア

品を手の届く価格で提供できます。つまりウッドワンは、森林経営から最終製品販売まで一貫体制で「『もったいない』のビジネス化戦略」を追求しています。

大前研一氏が、若かった時代、米国旅行中、全米５指に入る木材企業の重役に「あなたの会社がやっている木材業のＫＦＳ（Key Factor for Success＝成功へのカギ）は何ですか?」と尋ねたところ、彼は間髪を入れず「所有した森林から最大限の収穫を得ること」と答えたといいます（大前研一監修『企業参謀ノート「入門編」』、２０１２年、プレジデント社）。ウッドワンはそれをＮＺの森林で実践しているわけです。

複合林産型によるサプライチェーン全体で価値（売上げ）を伸ばす発想

合板メーカー最大手による「『もったいない』のビジネス化戦略」

さて、以上のような「『もったいない』のビジネス化戦略」を1企業完結型だけではなく、地域完結型で丸太価値の最大化を図るビジネスモデルが求められますが、その方向を示唆する貴重な構想が出てきました。

岩手県北上市に、北上プライウッド（「結の合板工場」）という国産材専門の合板工場があります。年間10万㎥の国産材（スギ、カラマツ、アカマツ）丸太を消費しています。

この工場はわが国最大の合板メーカーのグループ（セイホク（株））の一員なのですが、このグループの若き総帥である井上篤博社長が、北上プライウッドに続いて同じ敷地に第２工場を建設することを公表しました（『岩手日報』２０１８年9月5日付）。

その新工場がＡＢＣすべてを一元的に受け入れることを表明したのです。ここで注目したいのは、B材丸太を利用する合板メーカーがAもCも受け入れることです。なぜでしょうか？『岩手日報』のインタビューに対して井上社長は次のように語っています。

(1)ＡＢＣ材の選別は本来、山から出す段階で行いますが、手間もコストもかかるため、選別せずに全量木質バイオマス発電用に供されるケースが多い。
(2)しかしこれでは木材の価値が損なわれるので、新工場を拠点に丸太の最大限活用を目指す。
(3)そのためには入り口を一本化し、多種製造できる木材コンプレックス（複合体）システムを岩手から発信したい。
(4)今の北上プライウッド工場では年商30億円が限度だが、ＡＢＣの総合利用によって新工場では50億円が見込める。
(5)木材コンプレックスシステムの実現に向けて、技術やノウハウをもつ地元の業者ら地域の人々と連携して取り組んでいきたい（以上『岩手日報』のインタビューを筆者なりに整理）。

これぞ合板メーカーによる「『もったいない』のビジネス化戦略」です。Ａ材を合板に利用するのではなく、Ａ材にふさわしい用途に向けるという発想です。こうした木材コンプレックスシステムの提唱は、筆者の「複合林産型」の国産材ビジネスと通底するところがあり、その成り行きに期待すると同時に意を強くしています。

以下は筆者の推察ですが、井上社長が新工場が木材コンプレックスシステムを展開するためには、「技術やノウハウをもつ地元の業者ら地域の人々と連携」が必要と語っているのは、サプライチェーン・マネジメント形成が必要になってくるからではないでしょうか。そこの〝鎖〟

にはさまざまな人が参画してくるでしょう。まさに地域完結型の「『もったいない』のビジネス化戦略」構想です。

「『もったいない』のビジネス化戦略」の骨子

以上の事例をもとに、「『もったいない』のビジネス化戦略」の骨子を整理してみましょう。

(1)宮崎県森連日南共販所の「スギ並材」よりややランクの高い丸太の販売方式からも明らかなように、あるまとまったロットを供給できる力がないと「『もったいない』のビジネス化戦略」につながらないことです。まとまったロットと需要が結びついてこそ、イチバから市場へと、つまり「『もったいない』のビジネス化」が進化していくのです。

(2)丸太価値の最大化は、しっかりとした需要と結びついてこそ、その効果が発揮されます。

第2章で紹介している千歳林業ですが、社有林を約1万6000haを所有しています(2016年6月の筆者取材時)。その分布は、根室、釧路を除いてほぼ全道に広がっています。その社有林集積のコンセプトは次の5つです。

①林齢が若くても立木が生えていて地形のよい場所

②林木の成長がいいところ

③製材工場、チップ工場が多く立地しているところ
④内地への移出を考えて港に近いところ
⑤市町村や森林組合がしっかりしているところ

ではその集積した社有林経営のポリシーはなんでしょうか。1年間に300haを伐採し、50年で回していく施業を目標にしています。さらに千歳林業は「植伐一貫」施業を基本方針として堅持しています。同社の「『もったいない』のビジネス化戦略」が森林経営の持続性追求と不可分の形で推進されていることが窺われます。

同社の角田義弘・千歳林業相談役は、同社の社有林集積の目的についてこう語ります。「世界的に見て森林の価値が高まりを見せている。これから森林の価値は確実に上昇する」。そうした「読み」をとおして同社が「多規格造材・納品」を基盤に「『もったいない』のビジネス化戦略」を実践していることは第2章で余すことなくレポートされています。

さらに、職員が先頭に立って需要拡大をしているのが南那珂森林組合です（第2章で紹介している青森県森林組合連合会も同じです）。この森林組合を視察した人たちは異口同音に次のような感想を漏らします。「ここの職員はまるで商社マンみたい」だと。

事実、そのとおりなのです。先日、南那珂森林組合の営業担当の職員と話していたときのこ

とです。「先月はフィンランドで、来月は台湾で営業活動です」と。こういうレベルなのです。ここに至るまでにはさまざまな試練があったことでしょう。容易に推察できます。南那珂森林組合では、年1度、全職員が海外視察にでかけます。世界の森林・林業・木材産業のなかで、自分たちの森林組合を位置づけるためです。また内外の講師を呼んで定期的な勉強会を開催しています。こうした日々の切磋琢磨が販路拡大へとつながっているのです。その過程で、職員の知的水準も確実に向上していくのです。量産や生産性追求だけでは味わえない、「丸太価値最大化」の妙味を彼ら自身が体得し、それをビジネスにつなげているのです。そして銘記しておきたいのは、彼ら職員が、自分たちのビジネスが組合員（森林所有者）への「山元還元」につながるという固い信念を抱いていることです。

カスケード利用の「見える化」建築

最後に、丸太のカスケード利用の「見える化」を見事に実現した建物を紹介しましょう。徳島県の木材利用創造センター林業人材育成棟（写真8）です。この建物は、徳島県産材をカスケード利用し、適材適所に使用したものです。大ホールにはA材（一般に流通する柱角）で構成する重ね梁を架け渡し（写真9）、入れ子状の切妻ボックスは合板（B材）やMDF（中質繊維板、

写真８　徳島県木材利用創造センター林業人材育成棟

写真９　Ａ材（柱角）で構成する重ね梁

C材）などの木質系材料で構成されています。さらに壁にはおが粉を原料とした塗り壁を使っています。立木を伐採するところから端材まで、カスケード利用が直接目で見られる建築物です。この木材利用創造センターは、丸太のカスケード利用によって森林経営の持続性を維持する願いが込められています。

「『もったいない』のビジネス化戦略」元年に！

日本不動産研究所が2018年10月末に公表したスギ山元立木価格が2年連続で上昇しました（2995円／㎥（利用材積）、対前年比4・0％増）。皆伐跡地に再造林をして、森林経営の持続性を確保するためにはまだまだ足りませんが、「『もったいない』のビジネス化戦略」が底上げをしていることは間違いありません。これからが正念場です。

2019年の新しい年を迎えました。今年は平成が終わり、5月から新たな元号が始まる節目の年になります。日本の森林・林業・木材産業の「『もったいない』のビジネス化戦略」元年にしたいと心から願っています。

第２章

価値最大化２事例

・千歳林業株式会社
（北海道倶知安町）

・青森県森林組合連合会

取材・まとめ／編集部

価値最大化を実現する経営手法

―多規格造材・納品を実現する素材生産・販売システムの進化形

千歳林業株式会社（北海道倶知安町）

北海道内で広く素材生産及び販売、森林整備等事業を営む千歳林業株式会社。同社の素材生産・販売事業の特色は、「木のデパート」という経営目標を掲げ、多樹種・多規格の生産を行うというもの。手間がかかる生産・販売方式であり、コスト高になるのではという見方を覆し、会社設立以来、毎年黒字経営を続けています。

量より価値重視という経営の鉄則を林業で達成するその手法は、林業・素材生産販売事業がビジネスとしてどこまで進化できるのかを実証する優れた経営でもあります。

経営の鉄則、その経営と事業手法について、同社相談役の角田義弘さん、代表取締役の栃木幸広さん、取締役部長の藤原豊さんに伺いました。

千歳林業株式会社（北海道倶知安町）

森林組合の課長だった角田義弘さん（現・相談役）が 1988 年に創業。現社長は栃木幸広さん。４～５人という小所帯から現在では従業員数約 90 名、岩見沢市と白老町に支店を置き、道内全域で森林整備・素材生産を行う。素材生産量８万 5,000 ㎥／年、年間売上高 15 億円、社有林１万 5,000ha。平成 15 年度農林水産祭天皇杯受賞。

量より価値優先のマネジメント

価値の高い商品づくり

素材生産を行う上で、売上げを伸ばすには、生産量を増やす、１本ごとの価値を高めていく、という2つの方針が考えられます。生産量を増やすには生産性を高めることが必要で、価値を高めるには採材（造材）によって高価格商品を作り出す必要があります。

千歳林業では、後者の高価格商品は、針葉樹では「杭材」という特注品がそれに当たります。「当社では、一般製材、合板、チップやバイオマス用など多樹種・多規格を生産していますが、針葉樹では土木工事等に使われる杭材（注文材）の単価が最も高く、大きな存在です。杭材の規格は、求める支持力に応じて長さ、太さが異なるため、非常に種類が多い。しかも直材でなければなりません。末口径は13～

千歳林業社長
栃木幸広さん

千歳林業相談役
角田義弘さん

20㎝の間で各種、長さは4・5〜7・2mまで各種といった具合で注文が細かい。ですから在庫して取っておくわけにもいかず、基本的には注文が入ってから生産（受注生産）することになります。それが500本、1000本〜という単位の注文となります」（栃木幸広社長）。

このため、「1本の立木から杭材が1本採れれば、それだけで付加価値が高まるが、採れる本数にも限りがある」ので、複数の現場が杭材の採材を最優先して注文に応えることになります。

また、広葉樹では、10万円／㎥を超えるナラ・カバ類の銘木は別格として、チップ・パルプとするか、用材とするかでは、見極め次第で売上げに大きな違いが生じます。

「以前、目の前をチップ工場行きのトラックが通った時に、よく見ると良い材がたくさん混じっていて驚きました。さすがにもったいないと思って後で聞いてみたら、伐出を請負いに出していて、チップも用材も同じ伐出単価でした。それでは仕方ないですね。

用材となればチップ材価格の倍以上で販売できるものもあり、（その事業体で）コストをかけてでも丁寧に採材を行ったところ、十分に元は取れたようです。私たちも見ていたのですが、こんな品質のものでも用材として買ってもらえるのかと、勉強になりました」

確実な納品マネジメント

千歳林業では、年間８万５０００㎥の素材生産を行っており、全量が注文生産（工場等への納品）で、同時に動いている８カ所程度の現場から、40カ所以上の工場等へ納品することとなります。

「当社では、受けた注文は間違いなく納めるスタンスです」と栃木社長。これだけの量を確実に納品するために、どのような工夫を行っているのでしょうか。

まず、納めなければならない材を各現場に振り分けることからスタートします。現場が稼働を始めると、現場の進捗把握や５台ある運材トラックの配車、納品先との調整などを、本社と

特注品である「杭材」の例。写真は末口13～14 ㎝、16～18（20）㎝で7.2 mの直材（カラマツ）

各現場責任者が協議しながら進めていく。これが大まかな流れです。

現場では、採材指示に沿って生産を進めていきます。「現場が始まる前に採材指示を出し、あとは現場の責任者（多くはハーベスタのオペレータ）が採材を含め、全工程を考えます。

杭材は納品本数が決まっているので、数量を指定しますが、製材や合板向けのサイズは供給が不足している現状なので、採れるだけ採ってくれ、という指示もあります」。

その進捗は各現場責任者からの報告、ハーベスタのコンピュータに記録された生産履歴データ、検収の数量なども加味して、本社に集約されます。例えば杭材は、長尺の直材ということもあって、現場によっては思うように採れないこともあります。

そのような時は、順調な現場に「あと50本頼む、という具合で振り替えて、現場間の調整を行うわけです」。

この調整連絡は、本社と各現場を直接つないで行います。広大な北海道の各地に現場があるため、「現場が近い人は帰ってきて打ち合わせをしますが、帰着時間もまちまちなので、基本的には電話です」。

それでも、自社内ではどうしても納品の見込みが立たない場合もあります。そのような場合は、協力会社（外注先）に「30本でも40本でも採ってもらえないか」と頼むなど、納品を死守しています。

一方、逆のパターンもあります。「当社と納品先の間には、注文数量をとりまとめる会社が入っていて、当社のほか何社かに注文を振り分けています。他社が納めるのが難しくなると、当社へ『頼めないか』と不足分の注文が来るわけです。杭材の最盛期（秋口）になると、そういうケースが多いんですよ」。そんな突発的な注文でも、なんとかしようというスタンスで、「最悪の場合は、進行中の現場を止めて、新しい現場に移って採ることもあります」。

このように注文を死守することで、納品先はもちろん、不足を出した他社（同業者）からも信頼されることにつながります。持ちつ持たれつ、関係他社と信頼関係を築くことも「経営の上では大事」だと捉えています。

注文に応える技術と、高いもの（材）を作るマネジメント

千歳林業が生産する材は、前述のように道内各地の工場等へ納品する受注生産です。一般的に、受注生産は有利販売が可能です。このことについて、創業者である角田義弘相談役はこう話します。「これまでのように、山側の都合で伐って、それを引き取ってもらうスタイルでは経営として面白くないし、今後は難しいでしょう。顧客から注文をいただき、それに応えていく。注文生産が今後のカギになると感じています。この時、注文が来てから道を入れて納品まで2～3カ月かかります、では意味がありません。路網がしっかりしていれば半月あれば納材できますから、社有林では路網の整備を進めています。多様な樹種、多様な規格の材を、注文があればすぐ伐り出せる。『木のデパート』という考え方でやっています」。

注文はどのように入ってくるのでしょうか。「毎月、定量的な注文があります。年度当初あるいは半期に1度、1カ月に1度などのスパンで顧客と打ち合わせを行い、量や価格が決定します。その他にも、突発的な注文があります。突発的であっても、最低半月程度の納期はもらえる場合がほとんどです」と栃木社長。

納品先によって注文の規格が異なるため、１つの現場で様々な規格を採材することになり、例えばカラマツなら「10種類以上」になります。

「確かに、画一的な採材に比べれば手間はかかるので、規格の種類が増えれば生産性は落ちます。しかし、顧客の注文に応えることは当然のことですから、各現場へ割り振った採材指示に対して、『効率が落ちるから無理だ』という答えはあり得ません。もしあり得るとすれば、それが請負作業の場合です。伐出なら、材積１㎥当たりの請負額が決まっていることが一般的で、手間のかかる多規格採材は難しいでしょう。

しかし当社では、請負作業はほぼなく、買った立木や社有林を伐採・販売して、いかに利益を上げるかという立場です。生産性を上げることで利益を上げるのか。もしくは生産性が落ちても高い規格を採って利益を上げるのか。経営を考えれば、その両方のバランスが必要です。

特に、杭材のような特殊な規格になると単価も上がりますから、採材コストのかかり増しを差し引いても利益を見込めます」（栃木社長）

現場収支を見極める指標「パルプ材率」

千歳林業では、現場の収支を計る目安として、「パルプ材率」という指標を用いています。

カラマツの伐採現場で。パルプ材率を抑える判断力と採材力がオペレータに求められる

これは文字通り、ある現場から生産したすべての材に占めるパルプ材（C材）の割合で、パルプ材率が低ければ杭材や製材、合板用材を多く生産できたことになって売上げが高いことを意味します。その反対に、パルプ材率が高ければ、売上げが低いことになります。

当然、手入れの遅れた山、良材が多く採れる山など、現場ごとに条件が異なりますから、パルプ材率を単独で用いても収支の目安はわかりません。では、どのように用いるのかというと、着工前に想定したパルプ材率と、実際に稼働してからのパルプ材率を比較するのです。

「現場の売上げがどうも上がらない、となった時に見るのがパルプ材率です。山を買う時には基本的に全木調査しますので、パルプ材がどれくらい出てくるかはだいたいわかります。この現場は、だいたいパルプ材率20％で収まるよね、と。でも実際のパルプ材率が多ければ、想定そのものが甘かった可能性もありますが、まずは生産過程に何か問題があるはずだと考えます。特に、ハーベスタのオペレータが納品先のクレームを恐れるあまり、採材基準を厳しくしすぎて、結果的に安いほうに造材しているのではないか、という点です。

オペレータの心理として、工場ではねられる心配をするのはわかります。しかし、はねられるということは、工場の許容範囲ぎりぎりを攻めて納品しているな、という見方もできます。もちろん、はねられる量が多いと信用を失いかねませんが、必要以上に厳しく吟味するメリットはありません。工場ごとに基準や考え方も異なりますから、そこに合致していればいいわけです。

カラマツだと、ほぼすべて曲がっていますので、オペレータは杭、合板、パルプと一瞬で判断して採材しなければなりません。これはオペレータ個々の能力によるところが大きく、腕・技量が分かれるところです」。

在庫データが受注生産の土台

多数の注文を受け、それを顧客の元へ届ける。その受注生産を可能にしている土台が、資源調査に基づく在庫データです。

「当社では、注文が入った時に、この山を伐れば、何がどれくらい出てくるのか、収支の見込みも含めてだいたいわかる、という仕組みを作り上げているところです。社有林の多くは整備段階（作業道開設と間伐）ですが、着手前に最低でも標準地を取って資源調査を行います。国有林の立木購入（入札）の場合は資源量に関するデータが付いてきますし、民有林の山を買う時は、ほぼ全木調査します。1haで1人工ほどのコストがかかりますが、たとえ契約不成立でも調査費用はいただいていません」と話す栃木社長。

調査にかかるコストを、経営的にはどのように捉えているのでしょうか。

「山を買って欲しいというお話があった時に、山を軽く眺めただけで森林簿ベースで金額を弾いたり、競合他社より高く買うから、という提示の仕方はしたくありません。千歳林業としてはいくら、というきちんとした数字でやりたいですね。

契約が不成立なら費用の持ち出しとなりますが、調査にはそれ以上の効果があります。1つには、コストをかけて真剣に調査するからこそ、きちんと査定してくれている、間違いないだろう、という山主さんからの信用面です。

もう1つは、調査を行うことで、1ha当たりの立木本数、径級分布、蓄積量などが把握できる点です。当社では調査結果に基づいて、生産する材ごとに何本・何㎥くらい採れるだろうという見込み、さらに売上げや経費（生産コスト）の見込みを計上して『収支予算書』を作ります。調査時点で収支予算を立てられ、実施時にはその想定と実際の数字を比較しながら進められますから、（在庫データを把握するための）山林調査は非常に重要なんです」。

つまり資源調査によって、材の総量や規格ごとの生産量の目安を把握し、売上げの見込みを立て、生産コスト等を含めた採算ラインを見極める、ということです。

この資源調査の重要性については、角田相談役もこう強調します。「社有林では、資源量の調査・モニタリングを行っているんですよ。年間の成長量は、質と量で5〜6％、条件が良ければ10％といったところです。森林簿上ではなく、実際に調査を行って得ている数字ですので、胸を張ってそう言えます。

注文が来ても、それが自分の山にあるのかないのかがわからないようでは経営は成り立ちません。現在の立木の価値は簿価ベースでいくらか。含み益がいくらなのか。それを掴んでいなかったら商売はできませんよね。調査によって実際の資源量を把握し、山の成長量も自分で調

（標準地調査）＋全木調査

調査材積内容								合計		単材積	調査年月日	備考
24(26cm)上：A		24(22cm)上：B		24(18cm)上：C		評価無：ﾊﾟﾙﾌﾟ						
本数	材積	本数	材積	本数	材積	本数	材積	本数	材積			
39	33.5	84	49.0	77	25.0	37	7.9	237	115.4	0.487	2017.11.15	全木調査
28	25.4	83	62.8	19	11.1	9	4.7	139	104.0	0.748	2017.11.15	全木調査
				78	34.3	31	18.7	791	145.2	0.184	2017.11.15	
								264	20.7	0.078		
								1,533	145.4	0.095	2017.11.15	林齢若い
								1,142	120.7	0.106		
		32	25.5	8	4.9			72	37.6	0.523	2017.11.15	林齢75年
						32	17.5	112	26.6	0.237		
67	58.8	199	137.3	182	75.4	109	48.8	4,289	715.5	0.167		

調査材積内容								合計		単材積
24(26cm)上：A		24(22cm)上：B		24(18cm)上：C		評価無：ﾊﾟﾙﾌﾟ				
本数	材積	本数	材積	本数	材積	本数	材積	本数	材積	
67	58.8	167	111.8	96	36.1	46	12.6	376	219.3	0.583
		32	25.5	86	39.3	31	18.7	2,396	328.2	0.137
						32	17.5	1,517	168.0	0.111
67	58.8	199	137.3	182	75.4	109	48.8	4,289	715.5	0.167

本数	材積	単材積	歩止り	出材積	原木本数	材積
376	219.3	0.583	75.0%	164.5		
2,324	290.6	0.125	60.0%	174.4	17,000	153.0
72	37.6	0.522	65.0%	24.4		
1,517	168.0	0.111	50.0%	84.0		
4,289	715.5	0.167	62.5%	447.3		

積を整理して、売上予測の基礎データとしている

[redacted]調査材積内容

林小班	樹種	林令	小班面積	裸地面積	立木地面積	成育樹種	標準地面積	標準地内本数	調査材積	平均胸高直径	平均樹高	ha当本数	ha当材積	22(16cm)以下 本数	22(16cm)以下 材積
90-22	カラマツ	54	0.24		0.56	カラマツ	0.56	237	115.4	23.7	21.4	423	115.4		
90-23	カラマツ	53	0.16												
90-320	カラマツ	50	0.08												
90-321	カラマツ	49	0.08												
90-4	カラマツ	59	0.08		0.24	カラマツ	0.24	139	104.0	29.6	22.0	579	433.2		
90-5	カラマツ	55	0.16												
90-24	T-L	37	1.24		1.24	ナラ類	0.08	51	9.367	16.5	15.1	638	117.1	682	92.1
						他雑木		17	1.334	12.5	12.2	213	16.7	264	20.7
90-21	T-L	75	3.20	0.27	2.61	ナラ類	0.08	47	4.457	13.3	13.2	588	55.7	1,533	145.4
						他雑木		35	3.700	13.7	13.5	438	46.3	1,142	120.7
					0.32	ナラ類	0.04	9	4.703	25.1	20.2	225	117.6	32	7.2
						他雑木		14	3.324	17.9	15.1	350	83.1	80	9.1
計			5.24	0.27	4.97		1.00						144.0	3,733	395.2

樹種別再掲

樹種	面積	22(16cm)以下 本数	22(16cm)以下 材積
カラマツ	0.80		
ナラ類	4.17	2,247	244.7
他雑木		1,485	150.5
計	4.97	3,733	395.2

●原木見込み本数

90−21小班　３．２０−０．２７（裸地）−０．３２（林齢高い）＝**２．６１ha**
標準地面積２０×２０m×２＝０．０８ha
原木採取予測本数
３５０本÷０．０８ha×２．６１ha ＝ １１，４１８本 ≒ **１１，０００本**　　＝ **９９㎥**
ナラ類立木本数４７÷０．０８ha×２．６１＝**１，５３３本**

90−24小班　　＝**１．２４ha**
標準地面積２０×２０m×２＝０．０８ha
原木採取予測本数
３９０本÷０．０８ha×１．２４ha ＝ ６，０４５本 ≒ **６，０００本**　　＝ **５４㎥**
ナラ類立木本数５２÷０．０８ha×１．２４ ＝ **８０６本**

合計　面積　３．８５ha　予測本数　１７，０００本　予測材積　１５３㎥

薪予測本数 ３、４００本（２０％）　予測材積　４４㎥

出材積予測

樹種
カラマツ
ナラ類
ナラ類
他雑木
計

立木購入した山での資源調査データ例。材のランクごとに本数・材

収支予算書

発注者　自社　事業箇所　喜茂別福島社有林　事業名　皆伐　数量　16.12 ha　1525 m3

売上予定額				実行予算額			
種目	数量（単位）	単価	金額	種目	数量（単位）	単価	金額
カラマツ一般材	836 m3	[illegible]	[illegible]	伐倒費・ハーベスタ	5 日	[illegible]	[illegible]
カラマツパルプ	279 m3	[illegible]	[illegible]	伐倒費・チェンソー作業員	25 日	[illegible]	[illegible]
計	1115 m3	[illegible]	[illegible]	集材費・0.45グラップル	25 日	[illegible]	[illegible]
トドマツ一般材	25 m3	[illegible]	[illegible]	玉切費・ハーベスタ	10 日	[illegible]	[illegible]
トドマツパルプ	7 m3	[illegible]	[illegible]	玉切費・チェンソー作業員B	16 日	[illegible]	[illegible]
計	32 m3	[illegible]	[illegible]	巻立費・0.45グラップル	12 日	[illegible]	[illegible]
雑木一般材	40 m3	[illegible]	[illegible]	小運搬・フォワーダ	9 日	[illegible]	[illegible]
雑木パルプ	296 m3	[illegible]	[illegible]	積み下ろし 0.45グラップル	9 日	[illegible]	[illegible]
雑木オガ材	42 m3	[illegible]	[illegible]	寸面・受入・普通作業員	6 日	[illegible]	[illegible]
計	378 m3	[illegible]	[illegible]	積込費	1,525 ㎥	[illegible]	[illegible]
合計	1525 m3	[illegible]	[illegible]	発送費	911 ㎥	[illegible]	[illegible]
				世話役B	2 日	[illegible]	[illegible]
販売手数料		[illegible]	[illegible]	道直し他　D40	1 日	[illegible]	[illegible]
				鉄板6m（10枚×60日）	600 枚	[illegible]	[illegible]
運賃	1525 m3	[illegible]	[illegible]	重機運搬費	6 台	[illegible]	[illegible]
				鉄板運搬費	1 台	[illegible]	[illegible]
立木代（未定）							
カラトド	1147 m3	[illegible]	[illegible]				
雑木	378 m3	[illegible]	[illegible]				
計	1525 m3	[illegible]	[illegible]				
				計		[illegible]	[illegible]
				諸経費	[illegible]		[illegible]
合計　A			6,483,928	合計　B		[illegible]	6,225,576

「収支予算書」。現場の採算を見る目安。資源調査データをもとに、着工前に作成する。この現場では、杭材から合板用材までをまとめて一般材とし、平均単価で見込んでいる

査する。そのデータに基づいて予算を立て、現場を管理する。これをやっていなかったら、商売にならないんですよ」。

資源調査とはまさに受注生産の土台であり、経営には欠かせない基礎データだという考えがよくわかります。

運材コストをいかに抑えるか

複数の納品先へ複数の現場から届ける際、納品先と現場のマッチングはどのように行っているのでしょうか。

「まずは納品先までの距離を考えます。運材費を安く抑えたいですから、現場からなるべく近いところに納品したい。しかし、工場によって扱う材が異なりますから、近くの現場から出せないこともありますし、契約量を守るためには遠くの現場から無理してでも運ぶこともあります」

現場と納品先の距離、それに伴う運材コストは、経営を大きく左右する問題ですが、距離だけではマッチングを図れない。そこで考えるポイントが、「運材効率」だそうです。一言で言えば、トラックを無駄なく走らせる、に尽きますが、各現場・各納品先の状況を判断してタイミング良く現場へトラック（自社便）を手配する、その手腕が問われるそうです。

「当社では、運材コストを下げるために、山土場から11tトラックで直送、が基本です。現在11t車が5台あり、この5台を効率良く回すことが大事なんです。例えば、現場Aから工場Bに運び、引き返すと時間がかかるので違う現場Cに行き、工場Dに持っていく、といったこともありますし、雨が降ると入れない現場があったり、納期が迫っている工場があったり、いろいろな状況が絡んできます」。

この様相は、現場が終盤になるとさらに複雑になるとのこと。現場では積み込みが終わるまでグラップルを引き上げられませんから、トラックを入れるタイミングによって工期が左右されます。また、仮に現場へ4m材を採る指示が出ていて、それがトラック半分ほど残ってしまった、という場合も問題になります。半分しか積まずに走れば運材コストが増すからです。

この場合の選択肢は、近くの現場でもう半分を積み合わせて運ぶ、短距離の工場へ納品できる規格に落とす、などです。「受注先が増えて扱う規格が多くなると、こういう問題が出てきます。本数の決まっている杭材は仕方ありませんが……。現場担当者（ハーベスタのオペレータ）の技量にも左右されますが、トラック1台分となるよう合わせるのが極意です」。

ちなみに、本社隣には土場があり、各現場からトラック1台に満たなかった材を集め、1台

山土場まで11tトラックを入れ、工場へ直送。11tトラックの入る道が生命線

分になったら運ぶこともやっていますが、運材効率の面から本格的な中間土場の運用も検討しているとのこと。「山から里の中間土場までは11t車で運び、そこから先はトレーラー。11t車で走る距離が短くなれば、回転が良くなって台数が少なくて済みますから」。

実際、顧客自ら中間土場を設けている例もあるそうです。例えば、道東にある大口の納品先は、本社のある倶知安町近辺から400㎞も離れています。「当社含め複数の業者が納品していますが、工場近くの現場から集まる材だけでは先方の使用量に届きません。そこで、当社のような道央・道南の業者は、苫小牧の港にある中間土場へ持っていきます。先方では、製品をトレーラーで運んできた帰り荷として丸太を積んで帰る、というやり方でコストを圧縮しています」。

「11tトラックのコストは6万円／日として、1日に30㎥運べば、運材コストは2000円／㎥です。納品先が近く、その倍の量を運べれば1000円／㎥になります。売上げが1万1000円／㎥とすれば、1割の違いですから大きいですよね。

でも、一番大きいのは中間出し（現場でのフォワーダ運材）です。北海道では現場の面積も大きいので、フォワーダで2㎞走ることもよくあります。それだけで係り増しが2000円／㎥。この中間出しのコストがもったいない。ですから、作業道の規格を11tが入れるものにしてほしいとよく訴えているんです（笑）。そうして浮いたコストが森林所有者に還元され、様々な効果を発します」。

安定供給と信頼関係づくり

ここまで、より有利な販売を行うために、多規格の受注生産を実現するマネジメントを伺ってきましたが、さらに栃木社長は「目先の価格だけにとらわれないこと」と指摘します。「100円でも高いほうに納めるという考え方もありますが、たとえ100円安くても納めておかなければならない、という考え方も当然あります」。これはどういうことでしょうか。

「常に価格で動いていたら相手にされなくなり、『あそこは当てにならない』と次からの注文はなくなります。当然価格交渉は行いますが、できる限り顧客の要望には対応したい。納品先があるからこそ、私たちも安心して生産できるわけですから」。

木材工場の大規模化が進む現在、どこか1カ所でも受け入れが止まれば、その影響は広範囲に及びます。東日本大震災後の状況も記憶に新しいところです。価格が高いからと1つの工場に頼っていると、その工場に納品できない状況が訪れた際、違う工場を頼っても助けてもらえるとは限らない。だから目先の利益にとらわれず、幅広く信頼関係を築いていく――。これが千歳林業の経営戦略の1つです。

53頁で、納品を死守することで信頼を得るという話題がありましたが、これは材の受け入れ側にも同じことが言えるのではないでしょうか。大工場が、多数の素材生産業者から毎月計画的に材を集めているにも関わらず、計画外で大量の材の手当てができたという理由で、一方的に受け入れを止めたらどうなるでしょう。素材生産業者としても、「それはあんまりだ」と今後の付き合い方を考え直すはずです。

工場側も注文を受けて生産しているわけですから、決められた量の原料を集荷することが生命線です。安定供給・安定取引は、納品する側、受け入れる側、お互いが誠意をもって築く信頼関係があってこそ、です。

量より価値優先の現場マネジメント

ハーベスタでの採材技術

続いて、千歳林業の生産技術について、社有林（喜茂別町）の皆伐現場で伺いました。41〜49年生のカラマツを中心とした16haで、本来は伐る林齢ではありませんが、虫害が多いことから更新を決めた山です。

お話を伺ったのは、この現場の責任者である藤原豊さん。弱冠37歳ながら、取締役部長の肩書きをもつ〝稼ぎ頭〟です。「収支予算書」を作り、作業道や土場のレイアウト、工程を決定し、現場の収支に責任を負う立場ですが、自称「根っからのハーベスタ乗り」。千歳林業では、ハーベスタのオペレータが現場責任者となることが多いそうです。

ハーベスタで造材中の藤原さんに採材している規格を尋ねると、淀みなく次々と答えが返ってきます。杭材（長尺の直材）から一般製材、合板材、パルプまで、その数、ざっと10種類。

現場責任者の藤原豊さん（左）。入社間もない
永井祐功さん（右）の教育にも余念がない

「真っ直ぐな木だと杭材が採りやすいので楽なんですよ。曲がり木からいかにパルプ材を減らすかが難しい」と、売上げを最大化する採材を常に心がけています。どのように見極めて採材しているのでしょうか。

「まずは太さと曲がりを見ます。どこからB材以上が採れるか、と。もちろん杭材が採れるかは考えますけど、それは材を流して（送って）見ないと判断できないので次の段階。材を流した時の微妙な動きの変化で曲がりを見るんですよ。ですから、杭材の注文が入っている時は、採れそうな材なら一旦末のほうまで流して見ますね」

元から採材を行っていく具体的な判断・手順は、「木の状態によってケースバイケースです。一例を挙げれば、まず根元の曲がりを取り除いて、そこから先で何が採れるかを見ます。曲がりが少なければ3・65m（12〜18cm／製材）が採れるかどうか。曲がりがきつければ、1・9m（20cm上／合板）で落として、次は4m（14cm上／合板）が採れるかな、といった感じです。そこまで採って曲がりを取り除ければ杭材を考えますが、その段階では7・2mは長さが足りなくなるので、5・4m（13〜20cm）は採れるかと考えて流してみる。結果的に最後のほうで曲がっていれば、1回戻して4m、2・6m（12cm上／製材）を採る、とか」。

「これは一例で、とにかく考えることが多い」と話す通り、極力パルプ材とせず、製材・合板用材を効率良く採りながら、いかに杭材を出すかが肝のようです。「カラマツは曲がりが多いので、あまり勝負しません。怪しいと思ったら合板用材などを採りながら、完璧に直材が採れるとわかるところを杭材に。途中で曲がっていたらヘッドを戻すしかなく、その2〜3秒がもったいないので」。売上げを高めるには、「量と質のバランスが大事」とのことです。

メイン土場に全幹集材後、ハーベスタで造材。アームを動かす時間がロスになるため、もっとも多く出る規格（パルプ、1.9m合板）を手前に、あまり出ない規格（杭材等）は写真の右側に切り分ける

皆伐現場の一部。作業ポイントがいくつもある。中央下がメイン土場

売上げを伸ばす現場デザイン

「集材路の線形、土場の位置、伐倒の開始位置、機械類の配置、集材・仕分け方法など、ちょっと間違えただけで工期は1日、2日と延び、何十万円というコストになってきます」と栃木社長が話すように、〝現場のデザイン〟が収支を左右します。

このことについて藤原さんは、「僕はすべて逆算して考えています」とのこと。「まず、11tトラックがどこまで入れるのかを考えます。そうすれば、土場はここ、土場への最短距離はどうか、集材路はこう、という具合です。道を付けるのが一番時間がかかるので、道へ届くように倒せる範囲を増やすにはどうするか、全幹をグラップルで集材するか、玉切ってフォワーダで運ぶか……。そうやって(理詰めで)考えていくと答えが見えてきます」。

取材の現場では、「雨の多い時期なので、グラップルでの全幹集材の距離を減らし、その分フォワーダで出す方針です」。そこでネックになるのが長尺の杭材。最優先で採りたくても、採れる本数は限られるからです。それでも、「遠い場所から数本の杭材をフォワーダに積んで運ぶのは無駄が多いので、フォワーダで出す範囲では割り切って4m材でいこうと進めています。杭材は、直にトラックに積み込めるようトラックの走る沿線で優先して採材しています」。

このように、現場の各エリアごとに主となる採材規格をある程度決めて、仕分け・積み込みの

ハーベスタでの伐倒。倒す向きによって、枝払いで流す方向やグラップル集材に影響を与えるので「伐倒方向の正確性が求められます」

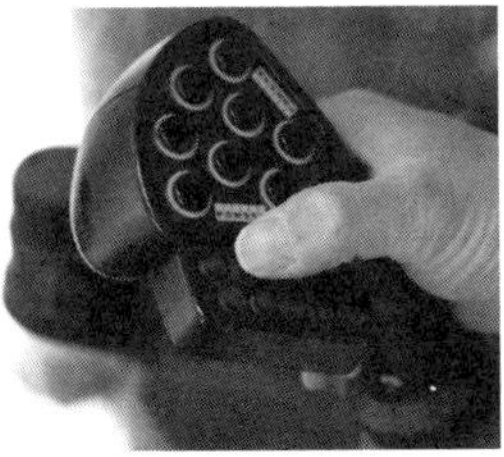

採材寸が表示される画面（写真上）。材長が234cm、直径が230mmと出ている。採材の規格を各ボタンに登録し（写真下、親指の位置）、そのボタンを押せば規格通りの材が採れる位置まで自動で材を送ってくれる。「誤差の許容範囲も設定してあるので、迷うことなくピタッと止まります。そこでチェーンソーのボタンを押して造材します」。また、造材した材積の合計値も表示されるので、1日の出来高も把握できます。「太くて伸びのあるトドマツだと1日に250㎥ほどいったかな」

効率化を図ります。「でも、ここでは4mで採るぞと自分に言い聞かせていても、貧乏性なので良い材があるとついつい杭材を採ってしまうんですよね」と苦笑する藤原さん。やはり、杭材の注文は現場でも特別な存在のようです。

土場内での椪積みレイアウトにも、藤原さんの考えがあります。「最も多く出る（積み込み回数の多い）規格の材をトラックへ積み込みやすい位置に置き、杭材などあまり出ない規格は少々離れた位置でもよしとします。トラックの入ってくるタイミングが遅れても土場があふれないよう、スペースの余裕も確保しておきます。生産する材の規格が多いので、その辺りも考えるんですよ」。

価値を生み出すメンタリティー

この現場では、端から順々に仕上げていくのではなく、「ハーベスタが入れるところは最初に全部ハーベスタで伐倒してしまって虫食い状態」です。作業ポイントを増やすことで各人の待ち時間を減らしつつ、一気・大量ではなく、淀みなく一定量の材が出てくる効果を狙っているそうです。このような作業は、今春入社した新人教育の場として、自分の目の届く範囲に細かい仕事を残すためにも有効とのこと。「全部機械でやれば確かに効率はいいんですが、新人のために練習用の仕事を作ってあげるんですね。自分のベストの工程を組んだら、新人が付いてこられず成長できない。これも会社にとっては大事なことです」。

現場の売上げを追求する立場としては、歯がゆいこともあるのでは、と伺うと、「いえいえ、そこで目先の利益ばかり考えても仕方ありません。その分、自分が昼に30分動くなどして少しずつ売上げの余力を作っていけばいいんです。上に立つ人間はゆとりを持っていないとだめですね。いつもしかめっ面で悩んでばかりいたら、部下の人も不安になるし、精神的に辛い。これは大事なことだと思います」。

「現場全員の気持ちの余裕を作り出すのも自分の仕事」と言い切る藤原さん。それができるのは、進捗や売上げをすべて把握して、どんな状況にも対応できるよう選択肢を常に頭に描いているからこそ、です。

「とにかく現場は雨との勝負。雨が降って慌てるのと、晴れている間に雨で止まることを想定して仕事するのとでは、結果がまったく違ってきます。数字の把握は、ハーベスタのデータやトラックで出した量もチェックしますけど、まず感覚的にわかりますよね。この現場は上々です。まだ余裕がありますよ。余裕があれば、みんなにゆったりと仕事してもらえるし、自分も優しくなれる。僕らはロボットじゃなくて人なので、そういう気持ちを大事にしていますね」。

Ｂ１規格創出で丸太価値を増大
―売上増と需給調整バッファー機能
青森県森林組合連合会の取り組み

木材流通・販売の段階でも「もったいない」のビジネス化事例が登場しています。Ｂ材であってもＡ材に近い価値を持つ材を選別し、Ｂ１規格として位置付け、素材生産から加工事業者にＢ１規格の価値を認識してもらう取り組みです。

この取り組みがの機能する土台には、川上・川下双方事業者との信頼づくり、情報共有というサプライチェーン・マネジメントの最重要条件が不可欠です。これを実践している青森県森林組合連合会を訪ね、お話を伺いました。

Ｂ１規格創出の意味

まず、青森県森林組合連合会（以下、県森連）が独自に作り上げたＢ１規格の概要とその役割を見てみましょう。

Ｂ１規格とは、Ｂ材としてランクされる材であってもＡ材に近いグレードの高い材であり、集成材ラミナはもちろんのこと製材向けにも購入してもらえる材のランク付けのことでＢ材とは区別されます。例えば、枝節の腐れが１個まではＢ１、２個以上ならＢランクといった具体的な基準が作られています。Ｂ１ランクはラミナ製造事業者や製材事業者からは歓迎され、㎥当たり５００～１０００円の価格差（Ｂ材比）が実現しています。取扱量は、以前のオールＢ材から現在はＢ１が３割、Ｂ材が7割程度の比率という実績です。

なぜＢ１規格か。そのきっかけは、やはり「もったいない」を何とかしたいという思いからでした。

「合板工場向けのＢ材の中にはＡ材にはならなくてもＡ材に近い価値を持つ材があり、それが十把一絡げにＢ材として売られるのはそれこそもったいないという気持ちがＢ１規格作りのスタート地点です」と語る秋田貢事業部長（青森県森林組合連合会）。

県森連は、現在素材の取扱量50万２０００㎥、県内生産量の５割を扱うまでに成長しています。青森県はスギの蓄積、スギの素材生産量とも全国トップクラスであり、その中での同県森連の実績はめざましいものがあります（後述）。

ここでＢ１規格の意味、機能をこれまでの実績から整理してみます。

①価値の増大

Ａ材に近い価値がありながら従来Ｂ材として扱われていた原木をＢ１規格に位置付け、単価アップ、すなわち価値増大を実現しています。従来のオールＢ材という評価がＢ１とＢ規格が３：７程度にと、全体の価値がアップしました。その恩恵はもちろん山主にも届くものです。

青森県森林組合連合会事業部長の秋田貢さん

②需給安定化のバッファー機能

原木供給が逼迫する時期では、Ａ材、Ｂ材の双方に融通が利くＢ１規格が需給バッファーとして機能することで、安定化に寄与します（後述）。

③原木規格品質の全体グレードアップ

県森連ではＢ１規格普及を図るため、職員が系統の森林組合のみならず、民間素材生産事業者の現場を回り、Ｂ１規格の現地指導を徹底する中で、精緻な採材・仕分けが浸透し、全体としてＡ材以下の規格品質が向上するという大きな副次効果がありました。これが素材の需要者（製材・加工事業者）の品質信頼度アップにつながり、安定的な取引きを強固なものとしています。

土台は県森連によるサプライチェーン・マネジメント構築

では、なぜＢ１規格創出が実現、浸透し、大きな成果となっているのでしょうか。その土台にあるのが、県森連によるサプライチェーン・マネジメント（以下、ＳＣＭ）です。

よく誤解されるのは、川上から川下へ材が流れている様子を見て「ＳＣＭができている」と取られることです。この場合、材は流れていても、情報（さらには決済、すなわちお金）の流れが川下から川上へ円滑に流れていなければ、ＳＣＭができているとはいえません。どのような業種であれ、ビジネスの出発点は需要です。需要サイドの動向に供給側が敏速に合わせることができるかどうかがカギになります。

人の体で例えていうなら、激しい運動で筋肉が酸素を求める情報が発信されれば心臓が動きを速め血流を増大させます。逆に就寝時は酸素が必要ないので心臓は血流をゆっくりさせます。肉体の需要（酸素、血流）に合わせて即座に心臓が対応できる仕組みそのものが、ここでいうSCMです。したがって酸素不足の情報が即座に心臓へ届くという情報の流れと同様に、川下から川上への情報の遡りが絶対条件なのです。

この点、県森連が川下が求める素材情報を川上へつなぐことで情報が川下から川上へ遡る流れを作っています。

また、SCMのもう1つの重要要素である、決済代金の流れはどうでしょう。これついては県森連は、買取り（原木の直送に対して、森林組合や素材生産業者へ原木代金を即金支払い）の扱いを増やしてきており（現在は買取り主体）、素材生産事業者自らが製材工場等に行う一般的な直送（与信が発生）での代金決済が遅めであるのに比べ（1～3カ月後の支払い）、川上側への代金回収を早めることを可能にしています。

このように県森連は県産素材の需給をリードするコーディネーター役、あるいは商社的な役割を果たし、営業面、情報面、決済面で川上・川下双方にプラスとなる取引きを実現してきました。その結果が、2007年（平成19年）の素材取扱量12万2000㎥から2017年（平成29年）の50万2000㎥と、この10年間で4倍強の成長を達成してきたのです（図1参照）。

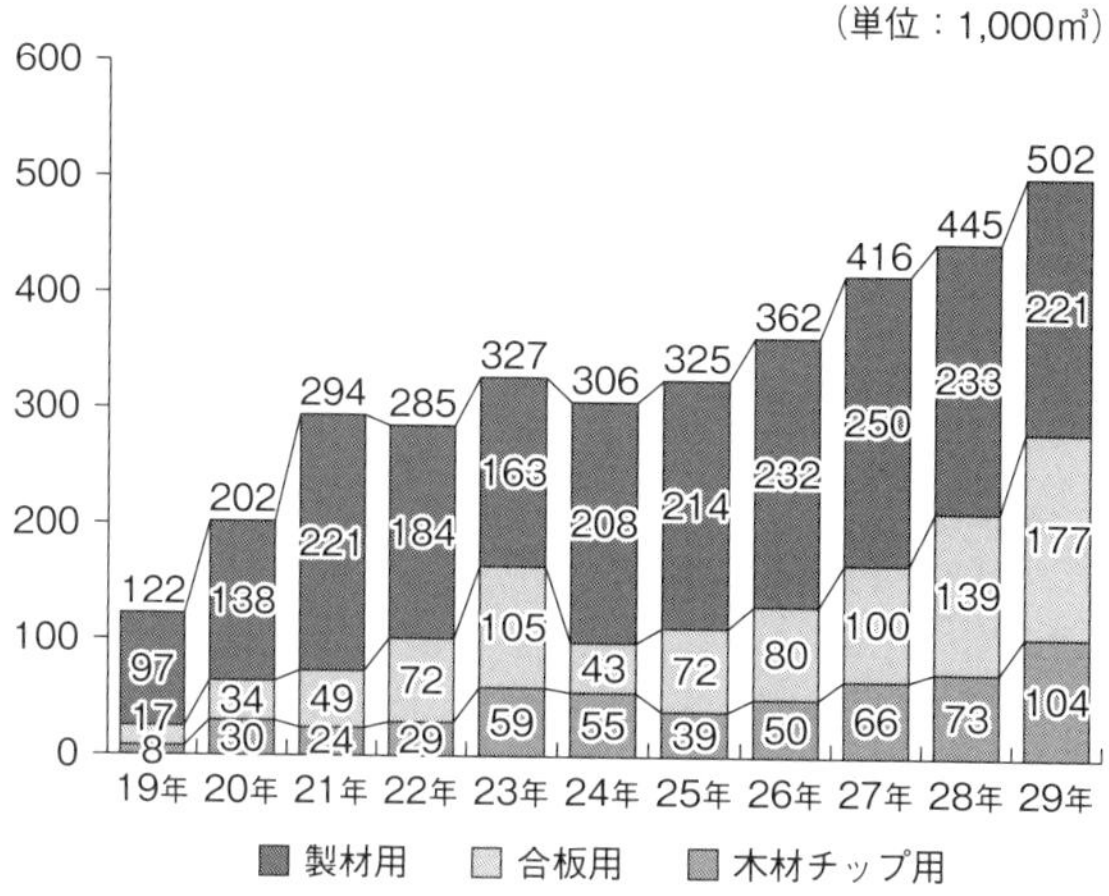

図1　青森県森林組合連合会の素材取扱量の推移

資料：青森県森林組合連合会

素材取扱い急増の背景

では、以上の詳細を1つずつ見てみましょう。

約10年前、青森県は10年後の県産材利用計画をまとめています。その中で、2010年（平成22年）の県産素材生産量60万1000㎥が、10年後（2020年）には78万㎥まで増えるという目標値（予測値）を掲げています。実は、この数字はすばらしいことに10年経たないうちにすでに達成されており、2016年（平成28年）には105万7000㎥（うちスギは80万5100㎥）にまで達しています（図2参照）。その原動力となったのが県森連の取扱いです。

前述の通り2016年（平成28年）の素

(単位：1,000㎥)

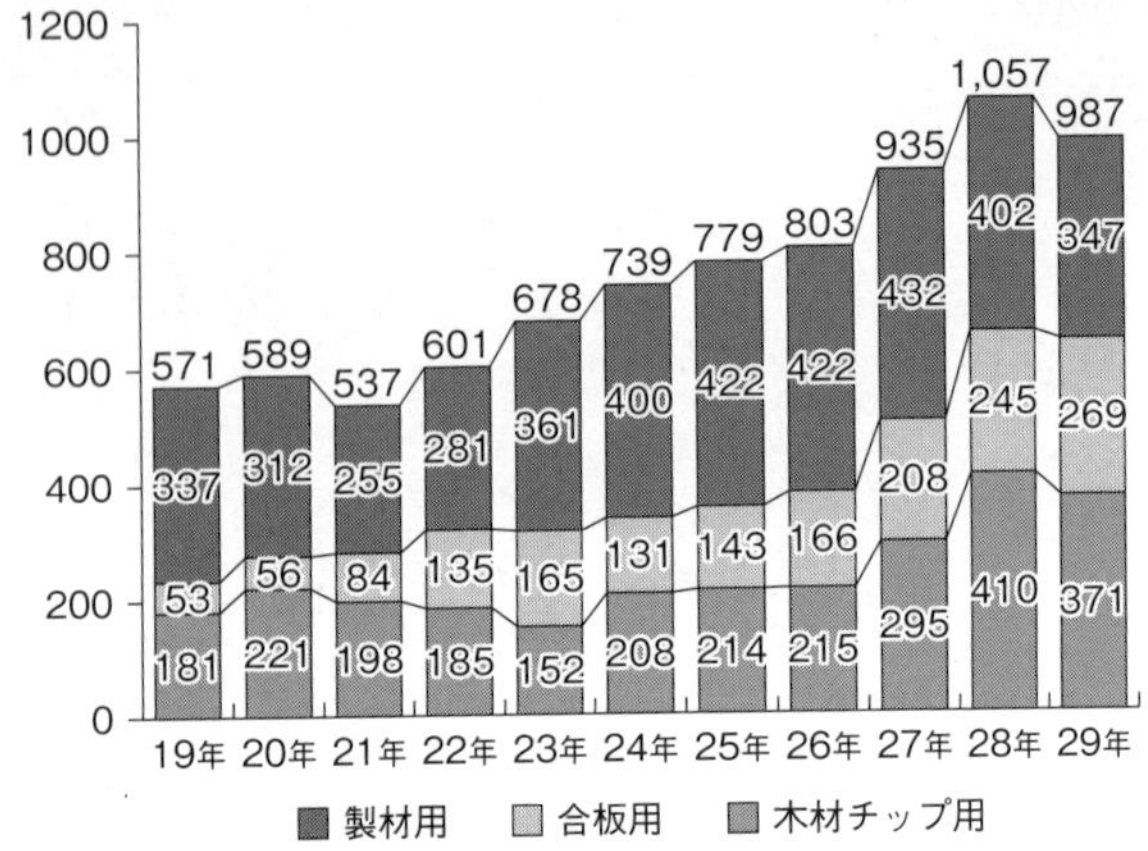

図２　青森県の素材生産量の推移

資料：青森県林政課「青森県の森林・林業」各年度版

材取扱量は50万㎥で、この10年間に４倍強へ増加しています。その多くは買取販売方式によるもの。傘下の森林組合はもちろん、民間素材生産事業者から丸太を買取り、A、B1、B、Cそれぞれの材需要者に販売するという手法で事業を伸ばしてきました。いわば商社的な役割です。県内３カ所の県森連木材流通センター（十和田、下北、津軽）が木材流通拠点として大きな役割を果たしています（図３参照）。森林組合はもちろん、民間の素材生産事業者を現地まで各センタースタッフが出向いてこまめに回り、出材情報を月次ベースでまとめます。

また、同センターは、製材、合板、集成材といった需要者側に対しても現地へ出向

図３　青森県森林組合連合会の木材流通拠点
（木材流通センターと海上輸送用の港）

いて営業を行っています。求める材の品質、量、納期をこまめに聞き取っていく日々の活動がサプライチェーン構築の土台となっているのです。

収集した供給側、需要側双方の情報を県森連本部が取りまとめ、ほぼリアルで把握している出材計画に応じてロット・納期を確実に守ることができるよう素材生産体制を組み立てているのです（現在、出材は系統森林組合が６〜７割、民間素材生産事業者が４〜３割の比率）。

すべての土台は、信頼です。これまで素材取扱い増を達成した実績、そして県森連本部及び現地木材流通センター職員が素材生産側、需要者側双方の現地へ出向いて情報を交換する、顔と顔がつながる関係で築くSCM、その結果である安定した取引き。これらに対する川上側、川下側の絶大な信頼があってこそ、B1規格の普及が実現したといっていいでしょう。

※資料：青森県林政課「青森県の森林・林業」各年度版

需要者側にとってのB1規格の意味

いままでB評価だったもののうち約3割がランクアップ（B1）したわけですから、川上側（ひいては山主側）の価値創造（すなわち売上げ増）の意味は明解です。では、B1材を買う側はどうでしょう。

B1材の主たる需要者は集成材製造事業者で、ラミナの原木としてB1を購入します。ラミナ製造側の立場からいえば、ラミナ積層の外側に求められる品質（強度等）に対応できる高品質の原木をB材並みの価格で入手できます。しかも最初から選別され、ロットがまとまっていますからラミナ工場で選別する手間が省けます。

ラミナ工場側（集成材製造事業者側）にとって、500〜1000円単価がアップしても、B

１規格は価格面、品質面、省力面でメリットがある原木商品なのです。

きっかけは県森連からラミナ工場へのＢ１規格提案で、当初から好印象で受け止められ、納品が始まったということです。

Ｂ１規格の普及方法―実地で指導を徹底

新しい規格を創っても、それが正しく普及して採材されることは簡単ではありません。マニュアルや文書で依頼すれば事が済む、といった事務仕事では規格の意味、技術、目的は伝わりません。

これについて、秋田事業部長はこう話します。

「マニュアルも確かに必要なのでしょうが、やはりなんといっても現地へ行き、写真や価格表を見てもらいながら説明します。ポイントは、Ｂ１規格に合う現物を探して、それを現場の人たちに見てもらうことです。「これはＢ１だ、これはだめだ」と現物を見ながら選別の眼を養ってもらうわけです。講師役はすべて木材流通センターの職員です。担当者が日々汗をかいて現場を回るのが一番です。集合研修のような勉強会では効果は期待できません。現場での学習が大事だと思います」

もちろんそのためには、現地指導の「講師」役となる県森連職員を集めての研修を行い、規格指導内容の統一を徹底しました。

一方で、納品された現物で問題があればセンタースタッフが生産現場に足を運び問題点を解決したり、納品先からクレームがあればすぐに飛んでいき、需要者側の要望を生産現場にフィードバックして伝えていく。そうした根気強い対応を継続しました。もともと、森林組合であれ民間事業者であれ、素材生産の実力があり、技能者をそろえている事業所ばかりということもあり、結果的には1シーズンでB1規格が浸透したということです。

マニュアル、文書だけに頼らない、現場主義、思いの伝わる働きかけにより「B1材を作っていこう」という思いが素材生産現場に広がったことが、一番の原動力となったのではないでしょうか。

またこのような丸太規格を生産現場で厳密化する取り組みにより、精緻な採材・仕分け技術が全体的に向上しました。それが顧客（需要者）のさらなる信頼を高めたことはいうまでもありません。素材生産側から買取り方式で需要者へ原木を販売する県森連は、原木商品の品質保証を需要者側へ行っているともいえるわけで、原木の規格・品質管理の要という立場でもあります。

丸太価値増大効果をもたらすバッファーＢ１材の需給調整機能

Ｂ１規格が存在することには、需給を調整するバッファーの役割を果たすという効果も出ています。例えば、丸太供給が逼迫する時期（例えば９～11月頃）には、Ａ材需要者である製材工場から「Ｂ１でいいから１００㎥調達できないか」といった問い合わせが入るようになっています。

逆にＡ材供給が過剰になったときは、余剰Ａ材をＢ１としてラミナ工場へ振り向け、Ａ材の売れ残りがないようにできます。製材工場がＢ１を引き取る場合、Ｂ材よりやや高い単価で購入しますので、Ｂ１バッファー効果による需給調整の結果、全体としての価値（売上げ）増大に結びつくのです。

これは、かつてＡ材不足の時期に原木調達に悩む製材工場へ県森連から提案したことがきっかけです。Ｂ１規格のもので利用できないかという提案に、製材工場側がサンプルを挽いて検証した結果、製品化が可能だと判断されました。県森連からの提案が製材工場に歓迎されたのです。

販売先選択肢の増加による価値増大

丸太価値を増大させるもう1つの手法が、販売先選択肢の多様化です。それを可能にする条件の1つが船を使うロジスティクス戦略です。海に囲まれた地の利を活かし、県内各地域の実情に即した港を拠点とする海上輸送で納品先の物理的距離が縮まりました（前掲図3参照）。

県産材取扱いシェアNo.1の実績と営業力、ロット・納品を確実にするSCM能力により、C材の販売先が海外（中国）にまで広がってきています。ただし、抑制のとれた輸出及び県外移出が基本です。というのも、山側（とりわけ山主）の立場に立ち、価値（売上げ）を上げる選択肢を増やすことが県森連の基本方針だからです。

かつて、B材の出材が伸びている一方で、合板工場など需要者側からの注文が追いつかず、苦労した経験から、販売先選択肢を増やし、メインの需要先が伸びないときのバッファーをどう確保するかという課題が整理されました。その解決策が海上輸送を前提とした広域営業・販売戦略です。

「県内向け単価が安い時期に、輸出向けで1000円高い単価で売ることができるという選択肢を川上側へ用意することが重要です。材の販売先選択肢が複数あれば山主さん側の判断が楽になると思います」と黒瀧晴彦参事は話します。

Ｂ１規格材も浸透し、以上のようなＳＣＭの力、県森連の営業力を見れば、今後のいっそうの成長も期待できますが、最大の課題は造林と捉えています。

「現状の素材取扱量50万㎥をキープできるかどうか、将来の展望は植えることにどれだけ力を注いでいけるかにかかっていると思います」と秋田事業部長。森づくりをリードしてきた森林組合系統の取りまとめ役の今後の役割が期待されます。

第３章

価値最大化の技術とサプライチェーンモデル

筑波大学　生命環境系
日本学術振興会特別研究員（PD）
吉田 美佳

サプライチェーンで捉える林業ビジネスモデル

林業ビジネスの発想転換

現代社会では、私たちの生活スタイルも大きく変わりました。ビジネスにおいては、インターネットにより人と人、人と商品を結ぶ費用が随分と低くなっています。商店に足を運び、実際に目で見て物を探しているお客さんという目に見える需要だけではなく、自宅や通勤時間などでインターネットを通じ、商品の情報を判断して購買するお客さんが現れ、商品と情報が分離しつつあります。

このような新たなビジネス形態のなかで、情報管理技術は重要な位置を占めています。この新しい技術を林業にも取り入れて新しい林業ビジネスを構築する動きが活発化しています。情報管理技術を活用して、新たな林業ビジネスを作っていく時に、枠組みとして有用なのがサプライチェーンという考え方です。

サプライチェーンとは

サプライチェーンは、生産から消費までをつなぐ商品の流れとして表されます。サプライチェーンには物流、金流、情報流の３つの流れがあり、物流と情報流がサプライチェーンの上流から下流へと同時に流れ、金流は下流から上流に流れていきます。物流は「ロジスティクス」、金流は「商いの流れ」（椎野 2017）ともいいます。

このサプライチェーンに、情報化技術とインターネットがもたらしたのは、物流と情報流の分離でした。情報を得るために、店舗に足を運ぶ必要がなくなっただけではなく、誰でも情報を発信できるために、これまで販売できなかったところに販売できたり、消費者がより良い商品を求めて比較したり、いろいろな変化が起きています。

ここで重要なのは、サプライチェーンに関わる人々が、一元的に透明な情報を入手、利用、提供できるようになったということです。そして、その透明な情報を利用し、商品は動かさずに商取引を行うことで、物流は簡素化され、商品の供給費用（物流費用）を節約することができます（椎野 2017）。

この情報流の流れにはバリエーションがあります。この情報流を上手にデザインしてあらかじめ需要をキャッチしたり、物流を効率化したりすることで、新しいビジネスモデルが生まれています。

サプライチェーン・マネジメント（SCM）とは

林業は第一次産業であり、人間や設備の生産力の他に土地も生産力を持つ点が他産業とは異なっています。林地によってよく育つ樹種、成長量などが異なるため、森林とひと口にいっても、その中身は多様で、地域性を帯びます。そのような森林資源を上手に需要と結びつけ、安定的に木材資源を供給することによって得られた収益で森林整備を行い、地域資源である森林を次代に残すということが林業ビジネスの最終目標だと考えられます。林業におけるサプライチェーンは「多様な森林資源を上手に需要と結びつける」ための枠組みとして捉えることができます。

森林も需要も、時間とともに変化していくということを考えると、サプライチェーンは生き物のようなものに見えます。姿かたち（構造）が上手にデザインされて終わりではなく、時代の流れに沿ってうまく機能しているかどうかを診断し、素早く改善を行うことが、持続可能な森林管理を実現します。

多様な森林資源が木材の供給源として上手に需要と結びついているかを評価するサプライチェーンの指標としては、労働生産性や売上げがあります。

機械化が推進される中で、木材生産性の向上と低コスト化は表裏一体で語られ、生産性は向上し木材の生産費用も下がってきました。一方で、新たな商品開発による付加価値の増大や、未利用物、副産物の利用など、売上げ増大を図る動きも重要です。生産費用低減には限界があり、ゼロにすることはできないためです。

これからの林業サプライチェーンでは、情報を介して物流費用（木材生産費用）を最小化し、顧客のニーズをつかんで売上げを最大化することが、「上手に」多様な森林資源と需要を結びつけることだといえます。

サプライチェーンの上流から下流に係る企業や人の垣根を越えながら、サプライチェーンの目標を達成するための具体的な方法をサプライチェーン・マネジメントと呼び、サプライチェーン・マネジメントはビジネスの核です。

ビジネスモデルとサプライチェーン・マネジメント

ビジネスモデルの目的は顧客価値の創造です。そして、サプライチェーン・マネジメントは一般には原材料からリサイクルまでを含めた物流と商流の合理化のことです（椎野 2002）。

サプライチェーンの目標は、短期、中期、長期に分かれ、それぞれ業務（Operational）、戦術（Tactical）、戦略（Strategical）レベルの目標といわれます。林業サプライチェーンの場合、業務レベルは日〜月程度、戦術レベルは年間〜複数年、戦略レベルは複数年〜（数）十年の目標です。また、サプライチェーンは上流から下流に流れていきます。この上流から下流は、複数の人が支えています。この複数の人と、戦略レベルの目標を共有することが大事です。繰り返しになりますが、この目標は、地域資源である森林を次代に残すことです。

このように、時間的、空間的な広がりを持つサプライチェーンの中で、関係している人々をまとめ、業務レベル、戦術レベルのやり方をそれぞれの担当部門で適宜変更しながら、長期的な目標を達成することが、サプライチェーン・マネジメントの肝です。

そのためには、ビジネスの発想や経営手法を、上述した顧客価値の創造、物流と商流の合理化、利益還元といった側面からモデル化することが必要であり、林業におけるビジネスモデルの実現にとって、

1　木材価値最大化：木材の本来の価値を商品化する
2　商品開発：木材が持つ価値を高める
3　販売（マーケティング）：適切な需給調整とマッチングを実行する
4　費用削減：水面下の価値を浮上させる

という4本の柱を構築できるかどうかが重要になります。

次から、海外の取り組み事例を含めて、これら4本の柱について順次紹介します。

1　木材価値最大化：木材の本来の価値を商品化する

スウェーデンにおける木材の最適採材

まずスウェーデンにおける具体的な取り組みを例に、木材の価値を最大化する取り組みの概観をつかみたいと思います。

スウェーデンの需給構造は、原木調達を担う「林業会社等」と製品を製造する「林産企業」に大別されます（宗岡ら 2017）。林業会社等は林産企業と需給契約を結びます。需給契約の期間はサプライチェーンにとって非常に重要で、およそ5年単位であり、これは欧州でよく見られる契約期間の単位で、前述のサプライチェーンの枠組みに照らし合わせると、戦術的目標のレベルになります。ここで、5年間のおおよその需要が把握でき、業務レベルのより詳細な供給計画を立てることが可能になります。

林業会社等は直営作業班を持つこともありますが、複数の優良な伐採請負事業体と契約し原木を調達するのが一般的です。請負作業が一般化した背景には１９７５年の林業労働者の大規模ストライキがあるようです（宗岡ら2017）。林業会社等は、戦略的供給計画を達成できるように、独立したすべての請負事業体と連携していく必要があります。例えば自然気象の影響や機械故障などの予期しない出来事によって生産が予定通りにいかないことがあります。そのような予定外の不確実な出来事が起きた時に、規格化されたリアルタイム生産情報があればすぐに対応することができるのです。このような背景から、リアルタイム生産情報を利用したサプライチェーン・マネジメントはスウェーデンで発展しました（宗岡ら2017）。需給契約（量や納期）を遵守するために、規格化されたリアルタイム生産情報を利用し、過不足を調整して安定供給を実現しています。

林業会社等は安定供給の実現に加え、伐採作業の外注による経営のスリム化と費用削減を図ることができます。安定供給が確実となれば、林産企業は設備投資を進めて生産体制を強化して売上げを拡大したり、新たな商品開発に乗り出したりすることができます。また、雇用の安定化といった効果もあります。両者の良好な関係は、請負事業体にとっても安定した仕事の確保につながります。このようにＳＣＭをすることで、関係者の良い協調関係が生まれると期待できます。

リアルタイム生産情報獲得の仕組み

スウェーデンでは、ＣＴＬシステム（ハーベスタとフォワーダによる短幹集材）が用いられています。ハーベスタで伐倒、造材を行い、造材時には内蔵コンピュータが価格情報と伐倒木の形状を照らし合わせて、その木の価値を最大にするよう、採材長を自動で決定し、生産を情報化します（図１）。同時に、需要量情報も考慮しており、需給契約（量や納期）を満たします（図２）。得られる生産情報はStanForD2010という規格に統一されているので、ハーベスタの機種を問いません。

また需要情報は、ＳＤＣ（Skogsbrukets Datacentral：林業データセンター）という協同組合が管理するデータセンター（宗岡ら2017、吉田2017）に、契約している林産企業から送られています（図３）。需要情報に基づいて造材された丸太は製品として仕分けられた状態で林内から林道端へとフォワーダで小運搬され、トレーラーで需要先に直送されます。このようにスウェーデンにおいては伐採木の価値、すなわち売上げの最大化が優先して図られています。これを技術的に可能にしているのが、需給情報の規格化です（図３、詳しくは宗岡ら（2017）参照）。

売上げの最大化には、データの規格化と同時に、伐倒された時にはすでに売り先（契約先）が決まっているということが重要です。したがって、売上げの最大化には、

材積推定
A材：a m³
B材：b m³

価格表

需要先	P	Q	R
A 材	X円/m³	X-500	X-300
B 材	Y	Y+500	Y+200

＝ 価値最大

A材：P社
B材：Q社

材積は、樹幹細り予測式を用いて推定

図１　材積推定と価格表を用いて立木の価値を最大化する仕組み

需要先	P	Q	R
A 材	X円/m³	X-500	X-300
B 材	Y	Y+500	Y+200

価格表

＋

需要先	P	Q	R
A 材	○m³	△m³	…
B 材	×m³	…	…

日・週間計画供給量

需要を満たしながら、立木価値を最大化

図２　価格表とともに需給計画も組み込まれている

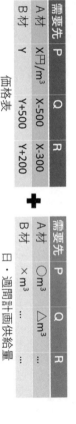

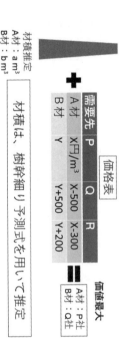

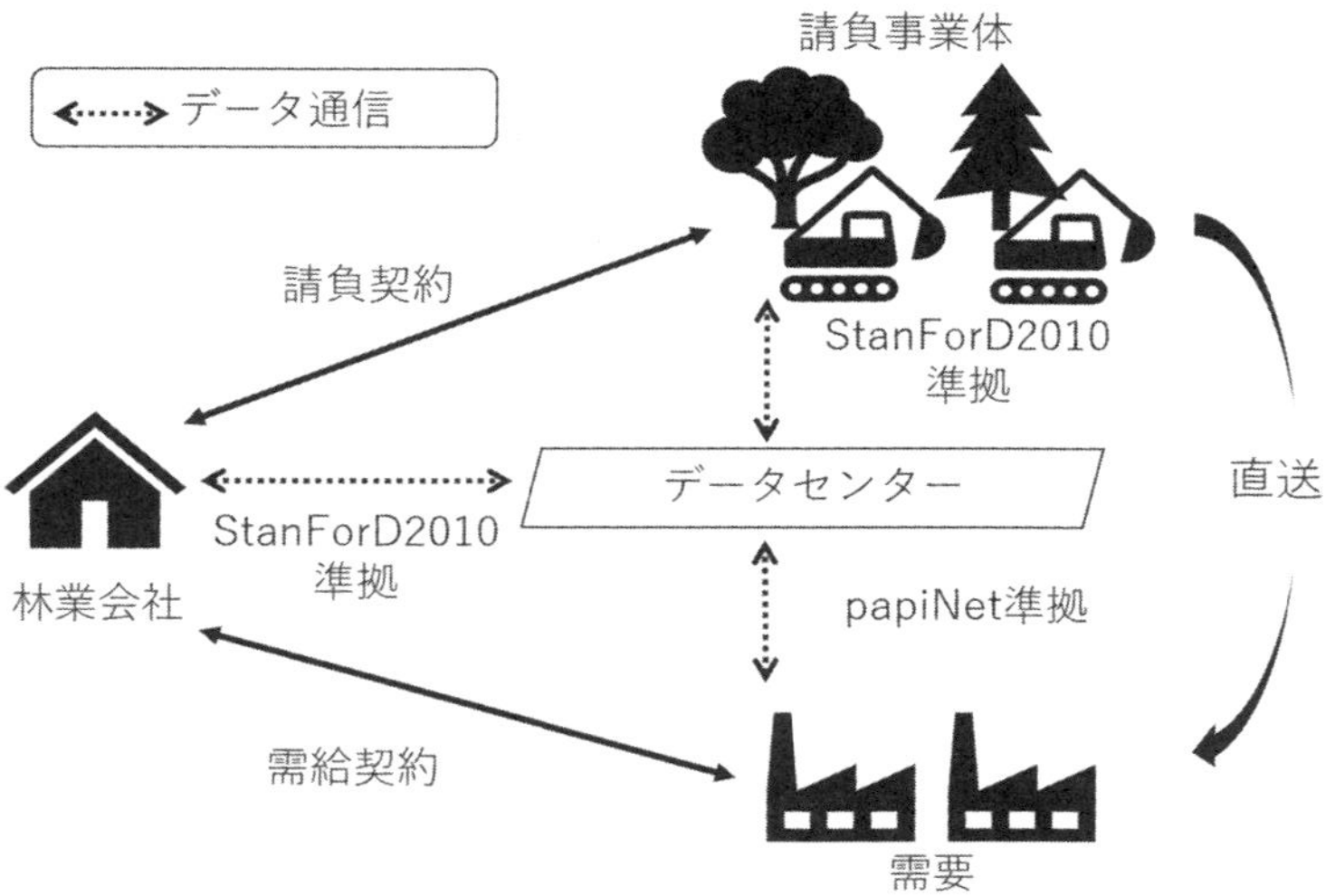

図3　スウェーデンのデータ共有の仕組み。StanForD2010、papiNetはそれぞれ、供給側、需要側のデータ規格の名称

(1)複数需要の開拓と把握
(2)その需要に対し、適切に安定供給すること
の2点を実現することも不可欠です。

(1)複数需要の開拓と把握

まず(1)複数需要の開拓把握です。需要の開拓と把握はビジネス上の大きな課題であり、林業ビジネス以外でも様々なところで議論されます。競争的に獲得してきた顧客情報や、経験的に作り上げてきた生産システムなどの技術は無形財産であり、大事なものです。需要と供給のマッチングと聞いた時に、違和感を覚えるのは、そういった努力が報われないような気がするためだと推察します。マッチングによって最大化された売上げは、情報共有に賛同した関係者が納得できるように利益が分配され、大切な情報を共有した恩恵を感じられることが重要です。

そのためには、関係者間で話し合って利益分配の仕組みを作る必要があります。

高く売れる丸太とは?を考える

関係者間で話し合い、利益分配の仕組みを作る時、林業のメイン製品である丸太について、

高く売れる丸太とは何か、それを改めて考えることが求められると思います。これから、情報共有をして一緒にやっていきたい仲間たちと、高く売れる丸太について、見聞を広めるための視察をしたり、なぜ丸太が現在の価格なのかについて考えたりする積極的な交流は、情報共有に欠かせない信頼関係を築き上げるためにも有用です。協力できる仲間がいれば、不確実な事象に対して、原材料を融通し安定供給を果たしたり、輸送費用削減を実現したりできます。

最初は大変かもしれませんが、能動的な１人が動けば、仲間が増えて地域が動きます。丸太の段階で顧客のニーズが反映されているように、世の中の情勢をつかみ、自ら見聞を広めるために動くこと（赤堀 2012）を、地域森林の価値を高めるための仕事として、誇りを持ってやってみてほしいと思います。このような取り組みの経験や記憶は、それによってつくられた利益配分の仕組みのいしずえとなるだけではなく、森林管理によって次代に伝わり、社会的に蓄積されて文化を作っていくものです。

誰と情報共有するのか

先ほどまでの話は、供給側での情報共有の話です。需要はあるけれど売り物がない、売り物はあるけれど需要がないというミスマッチングに関しては、需要側と供給側の情報共有の話であり、情報共有をする相手が異なります。

しかし、どちらも地域資源や地域産業を最大限に生かすことを目指した調和的な方向といえます。誰と情報共有するかは、最大化された売上げを誰と、どうやって分かち合うのかという議論の本質であり、重要な観点です。

最大化された売上げの行方

前述のスウェーデンの例では、①請負施業（contractor）が主流であり、供給側（林業企業）は生産組織を持たず、請負事業体と複数契約をして生産を行います。したがって、需給契約が先にあり、その需給契約（量や納期）を遵守するために、供給側や需要側が生産情報を利用し、足りなければ外注する等の調整により、安定供給を実現しています。

請負事業体は、伐採作業に対して委託作業料が払われるため、年間事業量を多くすること、すなわち生産性を高めることが、請負事業体の収入（売上げ）増加に結びつきます。請負事業体の収入に材の品質は直結していません（筆者注1）。そして、最適採材は林業企業の売上げを最大化します。スウェーデンの場合、林業企業には国営企業（Sveaskog）や森林組合（スウェーデン全土で4組合）もあり、森林所有者や国の利益にもなっています。

さて、日本の立木販売の場合を見てみましょう。この場合、立木を購入して、良い伐採システムを構築し、価値のある材を生産して高く売れるところを探して売るという工程となり、サプライチェーン上流の流れを伐採会社がすべて担うことになります。需要情報の共有と最適採材によって最大化された森林の価値（立木の価値）は、価値を最大化する努力をした伐採会社に帰属します。このような立木販売は入札により、森林所有者の収入を上げる努力がされますが、多くの民有林では、委託販売がなされます。この場合、売上げは森林所有者にも還元される必要があります。

森林は地域資源です。地域に住む人の働く場となったり、地域の自然環境を守ったり、地域の文化を表したりするような、多面的な機能を発揮しています。しかし、所有者が森林管理の意欲を持てなければ、森林と林業は衰退していきます。比較的品質を問わないB材や、品質はほとんど問題とならない燃料材などの需要が多くなっていますが、情報技術を活用して、良質な立木にはその価値を見出し、所有者に価値を還元して、森林を次代に残すための意欲を高め、林業を継続していく。そういう役割を果たすのが伐採会社だといえます。

今後、情報技術を有効に活用し、サプライチェーン・マネジメントを現場レベルで実行するためには、利益分配の仕組みや、情報共有の主体について、日本独自の議論を深めていく必要があります。

筆者注1…スウェーデンの請負施業の単価設定方法など、請負施業については筆者も情報不足であり、今後調査の余地があると考えています。

(2)需要への安定供給

もう1つ重要なのは、安定供給の仕組みです。まず、これまで築き上げてきた取引関係に基づいて、事業量を確保し、年間の需給計画を立て、生産システムを確認することが必要です。スウェーデンやフィンランドとは違い、地形や場所によって必要とされる伐採技術が異なるため、安定生産を可能にする生産体制作りは念入りに行う必要があります。

例えばニュージーランドでは、プロセッサやハーベスタが高額投資となることから、それらの機械を用いる作業システムの代替えとして、中間土場で集中的に手造材するシステムが試みられています。ここでは、情報端末を利用し、その時の市況に応じた最適採材を実現しています（吉田・酒井 2018）。

日本では、地形や路網の条件のために、ハーベスタやプロセッサなどが進入できる場所が限られている場合がよく見られます。そういった場合、全木、全幹集材によってハーベスタやプロセッサの作業土場で最適採材を行えるシステムに変更することが理想ですが、集材システムの変更は、会社経営における大きな転換点ともなりえます。生産体制作りは時間のかかるプロセスだといえます。

生産体制が整えば、実績に基づいて徐々に計画量を増やす、新規に需要を開拓する等の需要側と供給側の関係を確立する段階に移ることができますが、実際には、生産体制の確立と、需給関係の調整はこれらを並行して行うことが求められるでしょう。

2　商品開発：木材が持つ価値を商品化し、木材の価値を最大限に引き出す

木材が持つ価値を決めるのは誰でしょうか。それは需要者（消費者）です。需要者の視線が価値の源であり、従来は銘木や高級材がその役割を担い、文化的な裏付けがありました。しかし、ライフスタイルが変化して、人々がそれぞれ多様な希望を持つようになり、そのような希望をキャッチできるような商品の開発も急務です。

世界的には人々の健康・環境志向が高まっています。例えば、直交集成板（ＣＬＴ）などの

新しい技術を用いた高層建築が脚光を浴びています（写真1）。木造建築は、健康にも環境にも良いと考えられていること、そして、コンクリート造の建築と比べて、部分的な修復が可能であるという特徴があります。古くなった部分や、破損部分だけ取り換えることができるため、環境にも優しいといわれています。維持管理が容易という点は、工期の短縮と合わせて、経済的な面でもメリットがあります。

バイオエコノミーによる循環型社会

このような商品開発の背景にあるのは、バイオエコノミーという考え方です。この考え方は２００９年にＯＥＣＤ（経済協力開発機構）が表明しました。２０１８年４月には、「持続可能なバイオエコノミーに向けた政策課題の調整（Meeting Policy Challenges for a Sustainable Bioeconomy）」と題するレポートが提出され、50カ国以上のバイオエコノミー政策がまとめられるなど、バイオエコノミーを目指す風潮はより活発化しています。

欧州委員会（European Commission）によると「バイオエコノミーは、再生可能なバイオ原料の生産と、そのバイオ原料の食糧・飼料・バイオ資源・バイオエネルギーへの変換に根差す経済」です。これは農業、林業、漁業、食糧生産業、製紙業、そして化学産業、バイオテクノロ

写真1　ブリティッシュコロンビア大学（カナダ）の新しい学生寮「Brock Commons Tallwood House」。CLTを用いた高層建築。摩天楼（スカイスクレイパー）に対比して、プライスクレイパー（プライはプライウッドなどのプライで、「層」という意味）、やウッドスクレイパーなどとも呼ばれる。高さは53m。404名の学生が入居できる。ブリティッシュコロンビア大学は林学科や林産科を有しており、これからの林業を担う人材に、最先端の技術を実際に見せている

ジー、エネルギー産業の一部を含んでいます。

これらの産業界は、生命科学、アグロノミー（農学・作物栽培学）、エコロジー、食品化学、社会科学といった基礎科学分野を必要とする複合的な分野であるために、技術革新の余地が大幅に残っている部分です。そして、それらの基礎科学分野が、バイオテクノロジー、ナノテクノロジー、ICT（情報通信技術、Information Communication Technology）、工学などの応用的な産業技術へと転換され、暗黙知（常識）化することがバイオエコノミーによる循環型社会の成立として受け止められています。

この考え方が、林業の追い風となっており、バイオエコノミーの視点に立った研究開発（Research and Development, R&D）が盛んです。木材製品の新しい製品として、カーボンナノファイバーや液化、炭化燃料などが挙げられます。

素材生産現場で身近となった海外製の林業機械や作業システム、輸出入時の国際基準単位、また、人材育成、教育体系などはテクノロジーやノウハウであり、バイオエコノミーで重要とされる産業技術の範疇に入ります。

林業ＳＣＭの仕組みも商品に

これまで林業が行ってきたモノづくりは、どちらかといえば「素材作り」でした。しかし、これからの林業におけるモノづくりは「製品づくり」といえます。バイオエコノミーの創造という視点に立てば、木材製品の新しい需要開拓などに加えて、柔軟な林業ＳＣＭもその仕組み自体が、価値のある知的財産（ノウハウ）です。

例えば、前述の「素材生産現場で身近となった海外製の林業機械」ですが、ハーベスタやプロセッサなどの林業機械は、素材生産に利用するハードウェアであるだけでなく、情報を収集し、それをＳＣＭに活用するためのソフトウェアでもあります（前掲図３参照）。林業機械の販売は、良く動く鉄の塊を販売しているというだけではなく、柔軟な林業ＳＣＭに利用されている仕組みも同時に販売するということです。詳しくは後述しますが、セントラル・ディスパッチング・システムというトラック輸送の効率化を目指したトラック配車サービスがあります。これも、柔軟な林業ＳＣＭに利用されている仕組みです。

バイオエコノミーによる循環型社会の構築に深くかかわる林業ＳＣＭは生産性向上や利益追求といった枠にとどまらない、より大きな、しかしきわめて現実的な動機によって推し進められています。一方、テクノロジーが暗黙知化するということは、社会の仕組みが専門家以外にはわからなくなる、すなわちブラックボックス化するということでもあり、テクノロジーを適切に管理し、情報はわかりやすく公開して、安心して利用できるようにしていかなければなりません。

3　販売（マーケティング）：適切な需給調整とマッチングを実行する

新しい製品の開発に伴い、材料の調達と需要の喚起が必須です。ここまで述べてきた林業サプライチェーンは調達部分の話です。ここからは、需要の喚起、すなわち販売（マーケティング）について、需要と供給がどう結びついているかという需給マッチングの視点から見ていきます。

近年急激に発展した木質バイオマスのエネルギー利用は新しい製品開発の好例です。木質バイオマスのエネルギー利用に先駆的に取り組んできた海外の事例を用いながら、木質バイオマスのエネルギー利用におけるサプライチェーンの需給マッチングの方法について考えていきたいと思います（吉田 2016）。

事例１：デンマーク国有林（2012年訪問）

デンマーク国有林内でのチップ生産現場では、広葉樹林の施業地で発生した低位利用材を林道端に集め、約1年間乾燥させたあとチッピングし、需要先である地域熱供給施設へ直接輸送しています。チップ原料の所有者である国有林は、①自前の作業班を抱えており、用材及び定常的需要へのチップ生産を行っています。その一方で、②できるだけ収入を最大にするよう、ピーク需要時には、チップ価格の相場を見ながらスポット的にチップを販売しています。ピーク需要時のチップ生産は委託作業によって行います。

チッピング作業は地元の養豚農家が自前の農業用トラクタを持ち込んで行っており、年に数日間、副業としてチッピング作業に従事しています（写真２）。養豚農家の話では、チッピング作業は良い副収入になるということで数年来受注しており、チッパーはレンタル機器を調達し、チッパーに枝条を投入するグラップルはトラクタに取り付け可能かつ枝条等を含んだかさばる材をつかみやすい形状のものを中古で購入したということでした。チップの輸送はサード・パーティ・ロジスティクス（３PL、筆者注２）が受け持っていました（写真３）。

この事例では、①定常的なチップ需要を国有林の直営班が生産し、ピーク時の高価格な②スポット需要に対して、供給側がストックしておいたチップ原料を委託作業でチップ化し対応し

事例１：デンマーク国有林　チップ生産、運搬

写真２　デンマーク国有林におけるチップ生産の様子。訪問日は日曜日。トラクタは養豚農家が所有しており、コンテナは３ＰＬが配備

写真３　近くの工事残土置き場でコンテナを取り換える様子。コンテナを牽引しているトラクタは農家友人所有のものを無償で借りているという。３ＰＬが配備している空のコンテナが向こう側に見えている。養豚農家、土場、３ＰＬの連携はすべて国有林が管理している

ています。すなわち、国有林が需要情報をキャッチして、需給をマッチングさせて、サプライチェーンを管理しています。ちなみに、このストックしておいたチップ原料というのは、森林管理のために行った除伐施業から得たもので、他の用途には使えません。

筆者注２…ある企業が、ビジネスの核となる活動（コア・コンピタンス）に注力するために、物流機能を第三者の企業に委託することがあります。この委託を引き受ける物流企業をサード・パーティ・ロジスティクス（３ＰＬ）といいます。

事例２：オーストリア森林協会（２０１３年訪問）

オーストリアの森林協会（日本の森林組合のような組織）では、会員の自主的な素材生産による丸太を取りまとめて販売する用材販売業務、会員所有林から立木を購入し、伐採、搬出、販売を行う立木販売業務、長期にわたる森林管理も含めた森林管理業務という３つの異なる業務を担っています。

森林協会組合員所有林での立木販売業務の一環として、協会が施業を提案し、地域の伐採業者に委託して出材しています。この伐採後、枝条残材をチッピング業者がチップ化し、需要先の電熱併給施設まで運搬する現場を訪ねました。この訪問現場は、枝条チップという低質チップも利用可能なバイオマス施設が近所にあり、そのためにこのようなサプライチェーンが成り立っています。タワーヤーダを用いた列状間伐現場で、移動式チッパーを用い、発生した枝条からチップを生産しています（写真4）。枝条からのチップ生産は大きな利益にはなりませんが、現場がきれいになるということ、また機械の遊休時間を短くするという利点から取り組んでいます。

また、用材販売業務でも、燃料用の木質バイオマス（丸太）をバイオマス駅（biomasshof）と呼ばれる中間土場に集めていました（写真5、写真6、写真7）。これまでパルプ用として丸太を会員から集めていましたが、燃料用木質バイオマス需要が管轄区内に新しく設立されたことをきっかけに、パルプ材との競争が生まれ、燃料用木質バイオマスにより高い価格がつきました。そして、これまでパルプ用として集荷していた材を燃料用材として販売し、組合員はより多くの利益が得られるようになったということでした。日本では、パルプ材と競合しないように価格設定がなされていますが、これはこれまで価値のついていない部分を利用して、立木1本の価値を高め、森林所有者に還元するという発想の違いから来ています。

これらの事例では、森林協会が需要情報をキャッチし、できるだけ高く立木を販売できるように需給をマッチングして、サプライチェーンを管理しています。新たな需要の創出は木材価

事例２：オーストリア森林協会　チッピング、運搬

写真４　林道端での枝条チッピングの様子。コンテナのサイズは 35㎥。ふもとでトレーラー部を連結し、２両編成で需要先まで運ぶ

写真５　バイオマス駅のトラックスケール。このトラックスケールの値で売買を行う

事例2：オーストリア森林協会　チッピング、運搬

写真6　バイオマス駅でのチッピングの様子。うず高く積まれた燃料用バイオマスを安全かつ効率的にチップ化するため、キャビンに昇降機能がついている。90㎥トラックにチップを直接投入し、需要先まで直送する

写真7　バイオマス駅にはチップをストックする保管庫もある。チッピング会社が連休に入るため、連休中に必要なチップを生産している。あくまでも一時保管であり、基本的にはここにチップはストックしない。バイオマス駅は木質チップの他にも、地域の木質バイオマス燃料供給のハブとしても機能しており、手前のかごは薪販売用のかごである

格を向上させる効果もあることがうかがえます。

事例3：イタリアチーズ熟成工場（2013年訪問）

チーズにとって熟成は重要な工程であり、種類によって異なる熟成期間を一定温度で管理しなければならないため、イタリアにはチーズ熟成工場が多く存在しています（写真8）。ヴェネト州のあるチーズ熟成工場では、地下に熱供給設備を設置し、環境への配慮と経済的な理由により重油ボイラーから2MWの木質燃料ボイラーへと切り替えました（写真9）。チップ材はチーズ工場から100m程度離れた土場に集荷された地域の木材や地域の製材端材であり（写真10）、材の集荷からチッピング、工場構内のサイロまでの小運搬まですべて地元チッピング業者が行っています。

木質バイオマスボイラーの導入に際して、チップを直接購入するということも考えられたのですが、地域材を利用し、地域経済と環境にも貢献したいという工場側の意向によって、地元にこだわったこのようなサプライチェーンが形成されていました。チーズの熟成は決められた工程があるため、熱利用量、すなわち必要な木質チップの量は通年ほとんど一定です。また、安定価格であるため、供給側にとって安定した仕事が創出されました。そうして、需要側と供

事例３：イタリアチーズ熟成工場　地域密着型のチップ材サプライチェーン

写真８　熟成中のチーズ。チーズの出し入れも自動化されている

事例3：イタリアチーズ熟成工場　地域密着型のチップ材サプライチェーン

写真9　チーズ工場外観。この地下にボイラー室とチップサイロがある

写真10　チーズ工場近くの土場。背景の山は、写真9の背景にある山と同じ。地元木材のほか、燃料となるチップの含水率の調整のため製材端材も混ぜている

給側の双方にメリットのあるサプライチェーンができたこの例では、需要側であるチーズ工場が主体となり、地域密着型のサプライチェーンを作り、地元業者がサプライチェーンを管理しています。

サプライチェーンマネージャ

サプライチェーン・マネジメントの出発点は、事例1、2では供給側が需要情報をキャッチするところ、事例3は需要側が需要情報を発信するところです。このような違いがありますが、これら3事例ではそれぞれ需要情報を受け取って、需給関係を調整する主体がいます。このような主体をサプライチェーンマネージャと呼びます。

サプライチェーンマネージャは透明情報の流れをつかむ

前述の3事例を、サプライチェーンマネージャと情報流の視点から整理します。

事例1：（熱供給施設）

サプライチェーンマネージャである国有林が情報流、金流を一元管理しているため、需要のスポット需要に素早く対応できています。

事例２：

サプライチェーンマネージャである森林協会が森林所有者からの小規模供給を取りまとめているため、安定供給（納期と量を遵守した供給）できる規模を得ています。木質バイオマスエネルギー供給事業は人々の生活に直結するため、燃料となる木質バイオマスの安定供給は、経済性とともに特に重要です。安定供給性を確保するために、会員からの小規模木材供給を集約化して、会員との間で売買を成立させることで、需要と供給の情報流、金流関係をシンプル化（透明化、一元化）しています。供給量の集約化は、価格交渉の面でも有利です。このおかげで、パルプ材よりも高い価格が燃料材につきました。

事例３：

売買関係に他の事業者は入れず、市場が閉鎖されているため、事例1、2とは異なりますが、需要と供給が1対1の関係（間に誰も入っていない関係）を作り、供給側は安定した収入源、需要側は安定供給という、互いにメリットがあるような状況を作っています。このような関係は、サプライチェーンによって森林所有者、地域、公にも恩恵がある、という点も重要です。この事例の場合は、地域材を使うことで地域の森林管理に貢献し、化石燃料を代替し環境にも良い効果を与えています。

誰がサプライチェーンマネージャになるのか

これらの事例では、物流がいったん停止する原材料の乾燥・貯蔵工程において、それを管理する主体が木質バイオマスのサプライチェーンマネージャとなっています。物理的に、木材が集約化されている必要はありません。事例2、3は物流も集約されていますが、事例1では、国有林内に複数の土場があり、それをマネージャが随時把握しています。すなわち、透明な情報流、どこに、何が、どれだけあるのか、を把握できているのです。

サプライチェーンマネージャの役割というのは、販売機会や安定供給性の確保にあり、供給側の情報流、金流ができるだけ集約化される工程の担い手、上述の3事例では乾燥・貯蔵工程の主体が、サプライチェーンのマネージャとなる可能性があります。

日本においては、燃料用材の場合、乾燥・貯蔵工程の主体を明確にする必要があります。例えば立木販売の場合、立木購入者が燃料用材の所有者ですが、乾燥・貯蔵・チップ化までを行うか、チップ生産業者に販売して以降の管理を委ねるか、それとも林地残材として残し、森林所有者の裁量に委ねるか等々、実情に応じていろいろなビジネスモデルを考えることができ、それぞれサプライチェーンとマネージャは変わっていきます。サプライチェーン・マネジメントはビジネスの成否にとって重要ですが、答えは必ずしも1つに限定されません。チップ生産システムと合わせて、サプライチェーンマネージャとなる主体について、これから日本国内における多様な視点からの議論が必要です。

4　費用削減：水面下の価値を浮上させる

費用削減は、既存の体制を見直し、これまで見いだせなかった価値を浮上させることです。このような事例として、ニュージーランドにおける情報技術を用いた輸送費用削減の取り組みを紹介します。

ニュージーランド：輸送費用削減の取り組み

ニュージーランドの需給構造は、スウェーデンのような林業会社等が伐採請負事業体及び林産企業と契約するタイプと、林産企業が直接伐採請負事業体や輸送会社と契約するタイプなど、バラエティがあります。需給契約期間はスウェーデン同様、およそ5年単位の長期需給契約であり、戦略的に供給計画を立てることを可能としています。

ニュージーランドにおいてデータセンターの役割（99頁のスウェーデンの林業データセンターを参照）を担っているのはTrimble Forestry社という民間企業です。筆者が2018年4月に訪問した際、ニュージーランドの全生産量2800万㎥のうち、およそ2300万㎥から2400万㎥の生産情報が同社の管理しているWood Supply Execution（WSX）というシステムを通じ、データセンターに集められていると伺いました。生産・需要情報をどこが管理するかは議論を呼ぶ話題ですが、同社の説明によれば、ニュージーランドの大手林産企業らとの契約を得て、一気にシェアを増やしたことが現状のような大規模化につながっているとのことでした。

ニュージーランドは、スウェーデンのようなCTLシステムのほか、北米のような大型タワーヤーダによる全木材架線集材や、グラップルやスキッダによる車両系全木、全幹集材などの方法があります。ＣＴＬシステムを用いているスウェーデンでは、丸太価値の最大化は造材時、すなわち森林内で行われますが、ニュージーランドでは、全木・全幹集材も盛んであることから、長材を採ることができます。この長材を工場土場までトラック輸送し、そこでの３Ｄスキャナを用いて、正確に採寸し、立木価値を最大化することも実践されています。

これら立木価値の最大化に加えて、できるだけ輸送費用をかけずに、造材場所や最終需要先に運搬するという取り組みにより、より大きな利益を回収する試みがなされ、配車配送計画の最適化という、世界でもニュージーランドのみで行われているＳＣＭが実践されています。

輸送費用の削減方法

輸送費用は、トラック積載量を増やすことで直接的に削減できます。ニュージーランドでは、積載量増加の一環として総重量60ｔまでのトラックが実際に用いられています。この重量では高速道路を通行できないので、標準的なトラックサイズは高速道路を走行可能な総重量42ｔや44ｔのトラックということです。このようなトラック積載量増加の取り組みは、世界各国で行われています（酒井・吉田 2018）。現状では、最大重量は実用化に向けて研究され始めたフィンランドの１００ｔトラックと聞いています。このような積載量増加の方向の先には、鉄道や船船輸送の取り組みがあります。

一方、実荷走行率を向上させることでも、輸送費用を削減できます。実荷走行率の向上は、1日当たりの運搬量の向上であり、配車配送計画を改善することで実現できます。

通常の配送計画は、現場と需要先を結ぶ1対1のシャトルシステムが主です（図4）。この場合、実荷走行率は50％を下回ります。ニュージーランドのあるトラック会社によれば、シャトルシステムの実荷走行率は平均で42％とのことです。このような1対1のシャトルシステムは、複数の現場と複数の需要先を得ることで、循環ルートも選択可能な広域物流システムへと変化します（図5）。これにより実荷走行率の上昇が期待できますが、数が多ければ多いほど、計画は複雑になります。Trimble Forestry 社は、自社のデータセンターに集まった需要先と生産情報を用い、複数の現場と複数の需要先を把握することによって、一般には困難な広域物流を見える化し、実荷走行率を最大にするような最適配車配送計画を立てるサービスを提供しています。

中央配送計画（CDS）

このように、中央に集められたデータを利用して、最適な配車配送計画を立てる配車配送計

配車配送計画の最適化

図４　シャトルシステムの図。空荷で需要先を出発し、木材等を林地で積載して、実荷で需要先に戻り、荷下ろしを行う。１日に占める実荷走行時間の割合が高いほど、輸送効率は良いが、シャトルシステムの場合、空荷走行、木材の積荷、荷下ろし時間のため、実荷走行時間の割合は 50％を超えない

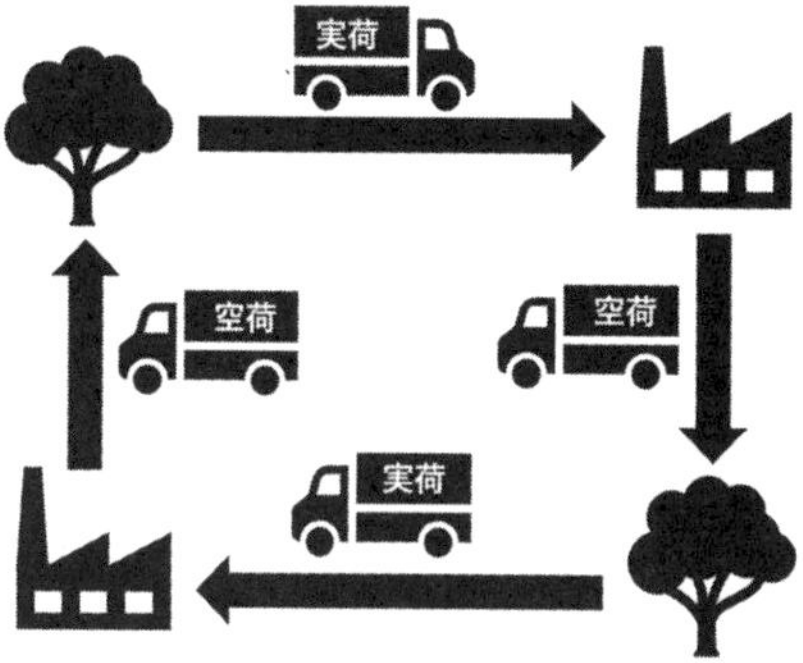

図５　広域物流の図。簡便のため、林地２ヵ所、工場２ヵ所を示す。範囲が広いほど、効率の良いルートの選択肢が増える。実荷率を向上させるようなルート選定はコンピュータによる計算で求められるが、計算量が膨大であるため、実践的な時間内に計算が終わるような計算方法は発展段階である

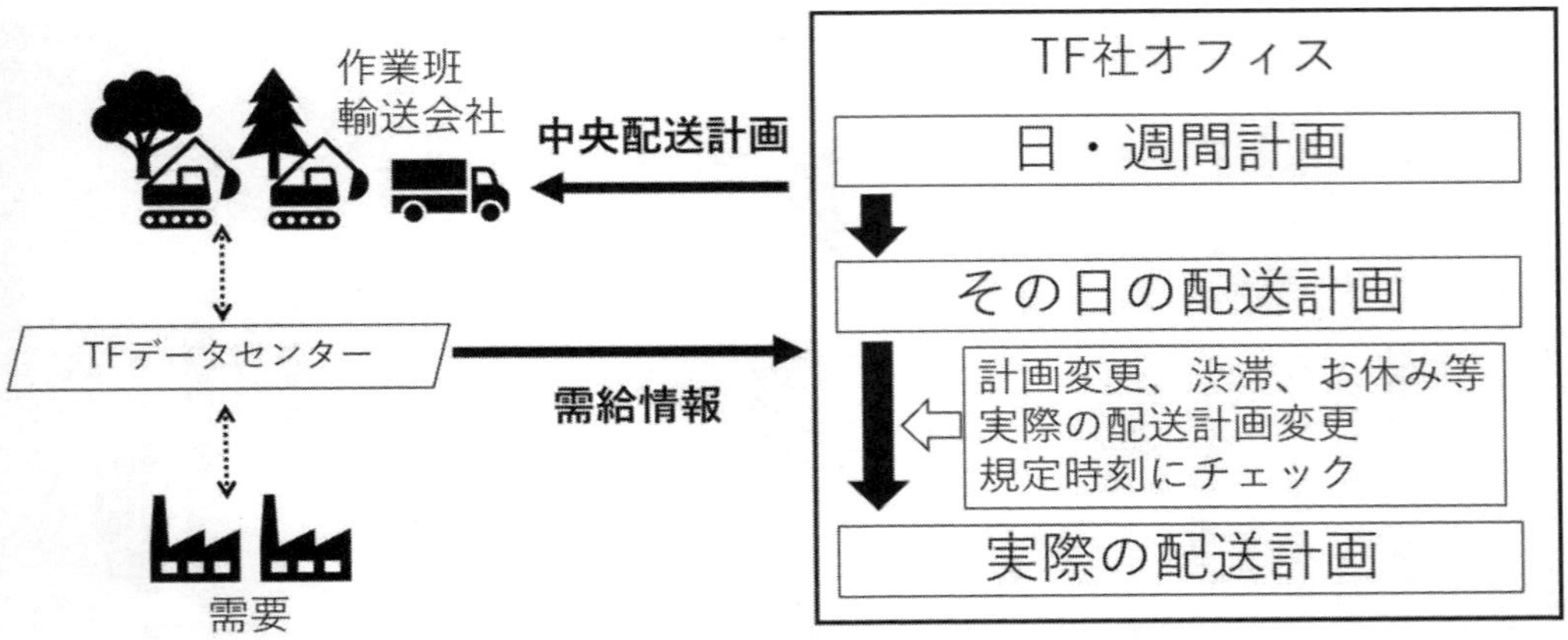

図6　中央配送計画（CDS）の仕組み。データセンターに集められる需給情報を利用して、実荷率を向上させつつ、休憩や帰車場所などを考慮した配送計画をオフィスで立案し、トラックドライバーにスマートフォンやタブレット端末でリアルタイム伝達している

画を、中央配送計画（セントラル・ディスパッチング・システム、ＣＤＳ）と呼びます（図６）。ＣＤＳによる輸送費用削減効果は大きいのですが、複数トラック、複数現場、複数需要先を備えることと、配車配送計画の最適化が行えることが条件であり、特に後者は数理最適化の専門知識が必要です。これら天地人すべての条件がそろって初めてＣＤＳを実践でき、ニュージーランドが唯一ＣＤＳを実践できている理由だと考えられます。もちろん、契約企業のデータセンターへのアクセスは自由であり、各企業はＷＸＳシステムによって可視化された自社の伐採・運搬に関するリアルタイムデータ（生産情報）にインターネットを通じアクセスし、独自に配車配送計画を立てることも可能で、ニュージーランドでもＣＤＳと個別の配車配送計画が共存しています。

ＣＤＳの実行体制

前述はＣＤＳの概念的な話ですが、ＣＤＳによって計画された配車配送計画はどのように実行されているのでしょうか。Trimble Forestry 社では、林業会社等が長期需給契約に基づいて計画した年次計画、月次計画、そして週・日計画をデータセンター上で共有し、ＣＤＳによって週・日単位で最適配車配送計画を立てます。そして、計画当日は例えばトラックドライバーの病欠や機械の故障、伐採箇所の変更、需要量の変化等のリアルタイムデータに基づき、最適配送計画を最適化しなおします。

現在、この最適化には時間を要するため、規定時刻に変更をチェックし、必要があれば計画しなおすようになっています。これによって、林業会社等は、日・週単位で供給計画を達成できるため、計画通りの年間収益を得ることができ、輸送費用削減と最大価値採材による収益の最大化が期待されます。林産企業にとっては、安定供給が実現されるため、損失を出さずに計画通りに生産を行うことができます。すなわち、CDSというサプライチェーン・マネジメントによって林業会社、林産企業ともに収益最大、損失回避という恩恵を感じられており、関係者間のパートナーシップを維持できていると考えられます。

輸送体制の改善はフロンティア

林業サプライチェーンにおいて、供給費用に占める輸送費用の割合は五割以上になることもあります。しかし、情報技術によって、輸送費用は削減することが可能になってきました。ニュージーランドの事例は、輸送体制を見える化することによって、輸送費用削減、すなわち木材の潜在的経済価値を回復しています。

ＣＤＳを可能とするリアルタイムの情報化技術と、コミュニケーション手段はまだまだ発展段階であり、鋭意研究されています。他の輸送体制の改善方法として、含水率の低下による積載量の向上、道路勾配の少ない輸送ルート選定による燃費の向上といった間接的な輸送費用の削減が考えられます。多くの国で、含水率の低下は議論され、実践されてきています。日本においても、まず木材の天然乾燥が有用な輸送費用の削減方法であろうと思います。

天然乾燥の導入

木材は水分を含んでおり、伐倒直後のスギは重量のうち半分以上が水分です。20ｔトラックやトレーラーの容積は積載可能重量に対して大きく、積載可能重量を十分に生かすために、天然乾燥は重要です。また、エネルギー用材の場合は、輸送費用の削減効果に加え、含水率が低いほど買取り価格が上がる場合があります。このことから、天然乾燥によってもたらされる効果として、輸送費用の削減と、エネルギー用材の場合は買取り価格の上昇が挙げられます。

一方、天然乾燥には、一定の期間が必要です。日当たりや季節、樹種によってその期間は様々ですが、乾燥期間中に在庫管理費用が発生します。輸送費用の削減、買取り価格の向上と、在庫管理費用の発生はトレードオフの関係にあります。天然乾燥の導入には、最適な乾燥期間を、地域の実情に合わせて見つけ、乾燥期間中の費用負担を考えていかなければなりません。これも、日本における今後の課題といえるでしょう。

サプライチェーン・マネジメントにおける輸送費用削減の意味

輸送体制が改善され、輸送費用が低減できれば、運搬距離を伸ばすことができます。運搬距離が延びれば、多くの異なる需要先に届けることができます。需要先が多くなることは、林業ビジネスモデルを多様化することにつながっていきます。木材という重量物を商品にする林業ビジネスにおいて、輸送体制の改善は需要開拓における物理的、経済的な制限を克服するためにも重要です。

次世代の林業ビジネスモデル

ここまで、様々な海外事例を紹介しながら、次世代の林業ビジネスモデルに取り入れられている技術やノウハウ、考え方について紹介してきました。これらの事例はまさに理想的な次世代の林業の姿に見えます。しかし、これらの技術やノウハウ、考え方は現場のニーズが生み出し、現場とともに発展してきたという背景があります。したがって、技術単体を導入しても、その背景となる日本林業の現場におけるニーズが異なれば利用することは難しいでしょう。海外で発展した技術を導入するにあたっては、日本の現場にニーズを見いだしていく必要があります。

次世代の林業ビジネス環境を構築する―関係性の場を創る

現場にイノベーションを起こすことのできるビジネス環境とはどのようなものでしょうか。現場のニーズを汲み取り、発展、洗練させていくために必要なものは、現場から行政、学問まで、同じ目線で議論できる環境であろうかと思います。こういった環境を作るための仕組みは、産業クラスターと呼ばれています。

産業クラスターとは、経済産業省によれば「新事業が次々と生み出されるような事業環境を整備することにより、競争優位を持つ産業が核となって広域的な産業集積が進む状態」です。

前述したスウェーデンの事例も、林業機械、直販部品メーカーが集まり、スウェーデン最大の農科大学のあるスウェーデン北部に林業クラスターを設置し、今もイノベーションに向けて、得意分野の役割分担と相乗効果を狙って、ビジネス、社会及び経済の提携を図っています。

イノベーションは商品開発などで紹介したR&D活動によってもたらされます。R&D活動は未来への投資です。資金を市場から回収するまでの時間が出資の目安となりますが、スウェーデンでは産業クラスターはR&D活動に適した環境を提供しており、イノベーションまでにかかる時間の短縮に成功して、ビジネスと研究開発が結びつく良い環境となっています。

こうして見ていくと、産業クラスターは関係性の場であることがうかがえます。クラスター内の関係性を作るものは共通の目的意識です。そしてその目的意識とは、バイオエコノミーによる循環型社会を成立させ、地域資源である森林を次代に残すことであろうかと思います。クラスターの参加者がそれぞれの想像力を働かせ、その個別の思考が共通の目的意識によって有機的に結びつくようなコミュニケーションをとれることが、クラスターがその機能を発揮できる条件ではないでしょうか。

おわりに

新しい林業ビジネスについて、その発想、それを支える価値最大化の技術、実際のサプライチェーンモデル、サプライチェーンマネージャ、そして情報化技術を利用した費用の削減、イノベーションを起こすためのビジネス環境の構築を考えてきました。林業は地域ごとに異なるので、それぞれの地域でサプライチェーン・マネジメントとビジネスモデルを構想していってほしいと思います。

需要の創出と安定供給体制の確立、そしてイノベーションがこれからの林業に必要であり、それはすべて林業に関心を持ち、いま携わっている人々が原動力です。本稿が、より良い社会を構築し、人々を幸せにするため、持続可能に機能する産業として次世代林業が発展するための一助になれれば幸いです。

◆参考文献

赤堀楠雄（2012）有利な採材・仕分け実践ガイド．全国林業改良普及協会
酒井秀夫・吉田美佳（2018）世界の林道（上・下）．全国林業改良普及協会
椎野准（2002）建設ロジスティクスの新展開―IT時代の建設産業変革への道．彰国社
椎野准（2017）椎野先生の「林業ロジスティクスゼミ」ロジスティクスから考える林業サプライチェーン構築．全国林業改良普及協会
宗岡寛子・上村巧・松村ゆかり・田中亘・白井教夫（2017）スウェーデンの林業・木材産業における情報活用を支えるStanForD、森林利用学会誌32(2)77-81
吉田美佳、酒井秀夫（2016）燃料用木質チップのサプライチェーン・マネジメントの形態と利害関係者の役割、山林（1583）27-36
吉田美佳、酒井秀夫（2018）ニュージーランドの中間市場事業と価値の創造．現代林業（627）58-64

索引

さ～そ

英数字

遠藤日雄　えんどう・くさお

■ ■ ■

1949年生まれ。九州大学大学院農学研究科博士課程修了。農学博士（九州大学）。専門は森林政策学。

森林総合研究所・林業経営／政策研究領域チーム長、鹿児島大学教授などを経て、現在、NPO法人活木活木森ネットワーク理事長。高知県立林業大学校特別教授（森林・林業政策概論）、国産材の安定供給体制の構築に向けた中央需給情報連絡協議会委員（座長）なども務める。

主な著書に、『林業改良普及双書 No.141　スギの行くべき道』、『丸太価格の暴落はなぜ起こるか－原因とメカニズム、その対策－』、『林業改良普及双書 No.179　スギ大径材利用の課題と新たな技術開発』（共著）、『「複合林産型」で創る国産材ビジネスの新潮流』（すべて全林協）など多数。

吉田美佳　よしだ・みか

埼玉県生まれ。東京大学農学部卒業、同大学院農学生命科学研究科博士課程修了。農学博士。現在、筑波大学生命環境系にて日本学術振興会特別研究員（PD）。

博士課程では燃料用木質バイオマスのチッピングを主軸に、木質バイオマスのサプライチェーン・マネジメントを研究。現在は輸送システムやサプライチェーン・マネジメントの情報システム、森林資源社会学に研究範囲を広げている。

著書に『世界の林道 上・下巻』（共著、全林協）がある。

林業改良普及双書　No.191

丸太価値最大化を考える
「もったいない」のビジネス化戦略

2019年3月1日　初版発行

著　者 —— 遠藤日雄
吉田美佳
全国林業改良普及協会

発行者 —— 中山　聡

発行所 —— 全国林業改良普及協会
〒107-0052 東京都港区赤坂1-9-13 三会堂ビル
電 話　03-3583-8461
FAX　03-3583-8465
注文FAX　03-3584-9126
H P　http://www.ringyou.or.jp/

装　幀 —— 野沢清子（株式会社エス・アンド・ピー）

印刷・製本 — 奥村印刷株式会社

2019 Printed in Japan
ISBN978-4-88138-368-1

一般社団法人　全国林業改良普及協会（全林協）は、会員である都道府県の林業改良普及協会（一部山林協会等含む）と連携・協力して、出版をはじめとした森林・林業に関する情報発信および普及に取り組んでいます。

全林協の月刊「林業新知識」、月刊「現代林業」、単行本は、下記で紹介している協会からも購入いただけます。

www.ringyou.or.jp/about/organization.html
＜都道府県の林業改良普及協会（一部山林協会等含む）一覧＞

192 これから始める
原木乾シイタケ栽培
大分県農林水産研究指導センター
林業研究部きのこグループ　著
原木シイタケの先進地・大分県の入門書を元に、経験の浅い方でも栽培や経営方法をわかりやすく紹介した技術読本。

191 丸太価値最大化を考える
「もったいない」のビジネス化戦略
遠藤日雄・吉田美佳・全林協　著
「もったいない」の発想で、現場の技術、効率化、売り方の工夫など、丸太価値最大化を実現する解説・実証例を紹介。

190 『現代林業』法律相談室
北尾哲郎　著
月刊「現代林業」に掲載された法律相談室の双書化。弁護士の著者が森林・林業の様々な法律問題に丁寧に回答。

189 続・椎野先生の「林業ロジスティクスゼミ」
ＩＴ時代のサプライチェーン・マネジメント改革
椎野　潤　著
今何をすべきか、厳しい道を進む先進事例（企業例）から、成長への考えや手法の基本を学ぶ。既刊ＮＯ．186の第二弾。

188 そこが聞きたい
山林の相続・登記相談室
鈴木慎太郎　著
山林相続や登記（名義変更等）、譲渡、家族・親族への民事信託など、司法書士の著者がQ＆A方式で解説。

187 感動経営　林業版「人を幸せにする会社」
―長寿企業に学ぶ持続の法則
全林協　編
元気な経営を維持しつつ雇用を守り続け、地域にも利益をもたらす―そんな長寿企業の事例から、持続の秘訣を探る。

186 椎野先生の「林業ロジスティクスゼミ」
ロジスティクスから考える林業サプライチェーン構築
椎野　潤　著
ロジスティクスの視点でみる、サプライチェーン・マネジメントの効用。わが国の林業の未来戦略を読み解く。

185 「定着する人材」育成手法の研究
―林業大学校の地域型教育モデル
全林協　編
若い人材育成と定着を目標に、教育機関ではカリキュラムの工夫や特色を打ち出し、地域と一体となって取り組む事例を紹介。

184 主伐時代に備える
―皆伐施業ガイドラインから再造林まで
全林協　編
皆伐施業の意味を知り、林業を持続させるための再造林について各地域の活発な事例を紹介。

※定価／本体1,100円+税

183 林業イノベーション
—林業と社会の豊かな関係を目指して
長谷川尚史 著
林業の技術、システムや流通、それらのデータや分析など、日本林業のイノベーションの方向性と効果を分析し、整理した一冊。

182 木質バイオマス熱利用でエネルギーの地産地消
相川高信、伊藤幸男ほか 共著
地域の材と人材で地域に熱エネルギーを供給するという新たな産業の、事業から個別施設での事業化など実践例を紹介。

181 林地残材を集めるしくみ
酒井秀夫ほか 共著
林地残材を効率よく集荷し、地域レベルで利活用する。事業化や行政の支援など、実践事例を紹介。

180 中間土場の役割と機能
遠藤日雄、酒井秀夫ほか 著
造材・仕分け、ストック、配給、在庫調整、管理組織整備による価格交渉、与信、情報共有の機能を各地の事例から紹介。

179 スギ大径材利用の課題と新たな技術開発
遠藤日雄ほか 著
大径材活用の方策と市場のゆくえを整理し、「積層接着合わせ梁材」等、各地で進む新たな木材加工技術開発を探る。

178 コンテナ苗 その特長と造林方法
山田 健ほか 著
期待されるコンテナ苗。その特長から育苗方法、造林方法、省力・低コスト造林の手法まで理解する最新情報をまとめた。

177 協議会・センター方式による所有者取りまとめ
—森林経営計画作成に向けて
全林協 編
協議会・センターなどの地域ぐるみの連携組織で、取りまとめや集約化、森林経営計画作成等を行う効率的実践手法。

176 竹林整備と竹材・タケノコ利用のすすめ方
全林協 編
放置竹林をタケノコ産地、竹材・竹炭・竹パウダー、整備を行い市民のフィールドとして活用する等の事例を紹介。

175 事例に見る 公共建築木造化の事業戦略
全林協 編
予算確保、設計・施工工夫、耐火、設計条件規制のクリアなど、公共建築物の木造化・木質化に見る課題と実践ノウハウ。

174 林家と地域が主役の「森林経営計画」 後藤國利 藤野正也 共著

森林経営計画制度と間伐補助について、どのように活用するか、実践者の視点でまとめた。

173 将来木施業と径級管理―その方法と効果 藤森隆郎 編著

従来の密度管理の考えではなく目標径級を決めて行う「将来木施業」とは何かを、事例を紹介しながら解説。

172 低コスト造林・育林技術最前線 全林協 編

伐採跡地の更新をどうするか。人工造林による持続する森づくりのための低コスト技術による実証研究を概観。

171 バイオマス材収入から始める副業的自伐林業 中嶋健造 編著

地域ぐるみで実践する「副業的自伐林業」。収益実現が可能な仕組みと地域興しへの繋がりを紹介。

170 林業Q&A その疑問にズバリ答えます 全林協 編

林業関係者ならではの疑問・悩みに、全国のエキスパートが聞き役となり実践的にアドバイス。

169 「森林・林業再生プラン」で林業はこう変わる！ 全林協 編

再生プランを地域経営、事業体経営にどう生かすか。経営戦略、施業、材の営業・販売の実践例。

168 獣害対策最前線 全国林業改良普及協会 編

シカ、イノシシ、サル、クマなどの獣害に悩み、解決に向けて懸命の活動をつづける現地からの最前線レポート。

167 木質エネルギービジネスの展望 熊崎 実 著

海外の事情も紹介しながら木質エネルギービジネスについて展望したもので、新しい技術も解説している。

166 普及パワーの施業集約化 林業普及指導員＋全林協 編著

団地化、施業集約化に向けての林業再生戦略を普及活動の主導により進める手法について、実践例を基に紹介。

165 変わる住宅建築と国産材流通　赤堀楠雄 著
住宅建築をめぐる状況や木材の加工・流通などがどう変わってきたのかを、現場の取材を踏まえて明らかにする。

164 森林吸収源、カーボン・オフセットへの取り組み　小林紀之 編著
地球温暖化対策の流れとともに、拡がる森林吸収源の活用、カーボン・オフセットなどへの取り組みを紹介。

162 森林の境界確認と団地化　志賀和人 編著
森林整備の鍵を握る境界確認と団地化について整理するとともに、全国7地域の取り組みを紹介。

161 普及パワーの地域戦略　林業普及指導員＋全林協 編著
地域における普及実践活動の記録である。集約化・団地化施業、地域活性化、獣害・災害対策の3編構成。

160 森林づくり活動の評価手法―企業等の森林づくりに向けて　宮林茂幸 編著
森林づくり活動を定量的、定性的に評価する方法を紹介したもので、企業、市民等の意識をさらに醸成してゆく。

159 大橋慶三郎 道づくりと経営　大橋慶三郎 著
道づくりの第一人者、大橋慶三郎氏が、林業生活60年で学んだ山の道づくりと経営について、その神髄をまとめた。

158 地域の力を創る―普及が林業を変える　白石善也 著
地域の力をまとめ、ビジネスモデルを発掘・普及し、地域型技術の合意形成、課題解決をはかる普及手法を紹介。

157 ナラ枯れと里山の健康　黒田慶子 編著
被害が拡大しつづけているナラ枯れについて、その原因と里山での対策をやさしく解説する。

156 GISと地域の森林管理　松村直人 編著
森林管理にGIS等を使いこなす各地の取り組みと課題、可能性を紹介し、新たな森林管理を探る。

全林協の月刊誌

月刊『林業新知識』

山林所有者の皆さんとともに歩む月刊誌です。仕事と暮らしの現地情報が読める実用誌です。

人と経営(優れた林業家の経営、後継者対策、山林経営の楽しみ方、山を活かした副業の工夫)、技術(山をつくり、育てるための技術や手法、仕事道具のアイデア)など、全国の実践者の工夫・実践情報をお届けします。

B5判　24ページ　カラー／1色刷
年間購読料　定価：3,680円（税・送料込み）

月刊『現代林業』

わかりづらいテーマを、読者の立場でわかりやすく。「そこが知りたい」が読める月刊誌です。

明日の林業を拓くビジネスモデル、実践例が満載。「森林経営管理法」を踏まえた市町村主導の地域林業経営、林業ICT技術の普及、木材生産・流通の再編と林業サプライチェーンの構築、山村再生の新たな担い手づくりなど多彩な情報をお届けします。

A5判　80ページ　1色刷
年間購読料　定価：5,850円（税・送料込み）

<月刊誌、出版物のお申込み先>

各都道府県林業改良普及協会(一部山林協会など)へお申し込みいただくか、オンライン・FAX・お電話で直接下記へどうぞ。

全国林業改良普及協会
〒107-0052　東京都港区赤坂1-9-13　三会堂ビル　TEL. 03-3583-8461
ご注文 FAX 03-3584-9126　http://www.ringyou.or.jp

※代金は本到着後の後払いです。送料は一律350円。5000円以上お買い上げの場合は無料。
ホームページもご覧ください。

※月刊誌は基本的に年間購読でお願いしています。随時受け付けておりますので、お申し込みの際に購入開始号（何月号から購読希望）をご指示ください。
※社会情勢の変化により、料金が改定となる可能性があります。